"十三五"国家重点出版物出版规划项目
国家科技基础性工作专项

中国主要作物气候资源图集

水稻卷

主编
梅旭荣

本卷主编
毛丽丽　游松财

浙江科学技术出版社·杭州

版权所有　侵权必究

图书在版编目（CIP）数据

中国主要作物气候资源图集. 水稻卷 / 梅旭荣主编；毛丽丽, 游松财本卷主编. — 杭州：浙江科学技术出版社, 2023.12
　　ISBN 978-7-5739-0882-7

Ⅰ.①中… Ⅱ.①梅…②毛…③游… Ⅲ.①水稻—农业气象—气候资源—中国—图集 Ⅳ.①S162.3-64

中国国家版本馆CIP数据核字（2023）第223433号

本册书名	中国主要作物气候资源图集·水稻卷
主　　编	梅旭荣
本卷主编	毛丽丽　游松财

出版发行　浙江科学技术出版社
　　　　　杭州市体育场路347号　邮政编码：310006
　　　　　办公室电话：0571-85152719
　　　　　销售部电话：0571-85176040
　　　　　E-mail：zkpress@zkpress.com
排　　版　杭州万方图书有限公司
印　　刷　浙江新华数码印务有限公司

开　本	787mm×1092mm　1/16	印　张	12
字　数	559 千字		
版　次	2023年12月第1版	印　次	2023年12月第1次印刷
书　号	ISBN 978-7-5739-0882-7	定　价	190.00 元
审图号	GS浙（2023）136号		

策划组稿	章建林　詹　喜	**责任编辑**	李兼然　赵雷霖
责任校对	陈宇珊	**责任美编**	金　晖
责任印务	吕　琰	**装帧设计**	顾　页

"中国主要作物气候资源图集"编委会

主　　任　梅旭荣

副 主 任　刘布春　白文波　刘　勤　毛丽丽　杨晓娟　刘　园
　　　　　　　游松财　李昊儒

总 编 委　（按姓氏笔画排序）
　　　　　　　毛丽丽　白文波　刘　园　刘　勤　刘布春　严昌荣
　　　　　　　李昊儒　杨晓光　杨晓娟　何英彬　张立祯　姚艳敏
　　　　　　　梅旭荣　游松财　霍治国

《中国主要作物气候资源图集·水稻卷》编写人员

主　　编　梅旭荣

本 卷 主 编　毛丽丽　游松财

本卷副主编　白文波　李昊儒

编 写 人 员　（按姓氏笔画排序）
　　　　　　　毛丽丽　白文波　刘　园　刘　勤　刘布春　严昌荣
　　　　　　　李昊儒　杨晓光　张立祯　梅旭荣　游松财　霍治国

地 图 编 制　浙江省测绘科学技术研究院

数 字 制 图　杭州吉思信息技术有限公司

序

  光、温、水、气等气候资源要素是作物生长发育必不可少的物质能量来源和环境条件，其数量、质量及时空组合不仅影响着一个地区作物的种植结构、种植制度和耕作栽培技术，而且决定了一个地区作物的气候生产潜力、现实生产能力和实际产量。气候资源要素与作物生产之间的关系和相互作用规律，不仅是农业气候学要研究的基础科学问题，还是农业生产要解决的实际问题。

  无论是在人类社会初期的原始农业阶段，还是在科学技术高度发展的现代农业阶段，探索、认识和掌握气候资源与作物间关系及其相互作用规律，并据此来优化作物生产布局和改进生产技术都是农业生产与管理者重点关注的问题。1400多年前，北魏贾思勰在《齐民要术》中就有"顺天时，量地利，则用力少而成功多"的经典论述。它昭示人们，根据自然规律办事则事半功倍。我们把这种关系和相互作用规律进行总结，并用图的形式形象地表现出来，就形成了农业气候资源图集和作物气候资源图集。这两者的区别是前者强调气候资源要素与农业的关系，更具区域性；后者突出作物生产与气候资源要素结合的相互作用，更具操作性。

  因此，继2015年和2016年按照气候资源要素与农业的关系编制出版了"中国农业气候资源图集"系列图书之后，我们深感它作为国家科技基础性工作专项"中国农业气候资源数字化图集编制"的研究成果，对作物生产的实际指导价值并没有被充分挖掘，这成为我们编制"中国主要作物气候资源图集"系列图书的初衷。于是，在已出版图集的基础上，我们以为主要作物生产提供指导为目的，系统梳理了水稻、小麦、玉米、棉花、大豆五大粮棉油作物气候适宜区和主要发育期的气候资源状况，对其主要发育期和全生育期的农业气候资源进行综合评价，并给出生产操作建议，形成了《中国主要作物气候资源图集·水稻卷》《中国主要作物气候资源图集·小麦卷》《中国主要作物气候资源图集·玉米卷》

《中国主要作物气候资源图集·棉花卷》《中国主要作物气候资源图集·大豆卷》。

  本系列图集的编制出版，是农业气候资源研究的最新成果的体现，是源远流长的华夏农耕文明的延续和升华，它饱含了几代农业气象科技工作者的心血，不仅能成为农业科研教育和生产管理者的案头查阅工具书，而且能为农业生产经营和技术服务等多元主体提供生产决策依据和数据支撑。本系列图集的编制出版得到了中国农业科学院农业环境与可持续发展研究所、中国农业科学院农业资源与农业区划研究所、中国农业科学院农田灌溉研究所、中国气象科学研究院、中国农业大学、中国科学院地理科学与资源研究所等单位的大力协助，也得到了国家出版基金的资助。

  在编制本系列图集的过程中，虽然我们倾尽所能，力求避免错误，但受水平所限，且我国存在主要作物种植区域广阔、长时间序列完整数据获取困难等客观情况，图集中出现遗漏和片面表述的情况在所难免，殷切希望广大同仁和读者不吝赐教，给予批评指正。我们也将不断深化农业气候资源研究和成果分享，使它们更好地为我国农业生产服务，更有力地支撑我国粮食安全和农业农村现代化建设。

2023 年 11 月

前 言

气候资源是自然资源中影响农业生产的重要组成部分，为农业生产提供了光、温、水、气等能量和物质，对农业生产结构和布局、种植制度、种植方式、生产潜力等都起着决定性作用，并最终影响农业产量的高低和农产品质量的优劣。作为世界上的水稻主产国，我国自然条件优越，稻作区域辽阔，南北纵跨热带、亚热带和温带三大气候带，东起海拔 1~2m 的沿海平原，西止海拔约 2000m 的内陆高原，丘陵平原交错，山峦重叠，形成了各种各样的稻作气候，稻作气候资源丰富。但同时，我国具有明显的季风性和大陆性气候，稻作气象灾害较多，影响了我国水稻的稳产和高产。

分析农业气候资源变化特点是开展农业生产气候应变技术研究的前提与基础。近年来，极端天气气候事件趋多增强，降水区域性变化特征显著，对水稻的水资源利用具有一定影响。另外，近年来大气污染严重，云量和气溶胶增多，对太阳光的反射和吸收作用增强，这势必会影响水稻的光合作用。

《中国主要作物气候资源图集·水稻卷》围绕我国水稻生长发育过程中光、温、水、气等气候要素以及频繁发生的气象灾害，以近 30 年的气象数据为基础，通过延伸资料年代、增加站点等手段，采用数字化技术，共编制图幅 133 幅，包括不同时期水稻生育期状况、光温资源指标、水分资源指标和主要气象灾害指标等，以期系统全面地反映 1981—2010 年 30 年我国水稻气候资源时空分布的特征及变化趋势，为合理调整农业结构与种植布局、科学制定生产政策提供依据。

本卷图集的编制工作由中国农业科学院农业环境与可持续发展研究所、中国农业大学和中国农业科学院农业资源与农业区划研究所共同承担，由梅旭荣、毛丽丽、游松财、白文波、李昊儒、张立祯、刘布春、杨晓光、严昌荣、刘勤、刘园、杨晓娟等编制完成。值此出版之际，谨向所有的合作单位以及提供帮助的专家一并致以衷心的感谢！

本卷图集适合从事农业生产管理、农业政策制定等相关工作的一线农业生产和管理人员参考使用。

尽管在本卷图集编制过程中我们倾尽所能开展工作，但由于存在数据量大及部分资料缺失的情况，数据整编和图集编制过程中出现不足和遗漏之处在所难免，殷切希望广大同仁和读者不吝赐教，给予批评指正，以便今后修订、完善，更好地为广大读者服务，促进作物气候资源的科学研究和成果共享。

编　者
2023 年 11 月

编制说明

一、资料和数据来源

1. 本卷图集编制的气象数据来源于中国气象局740个气象台（站）30年（1981—2010年）逐日气象资料，包括平均气温、最高气温、最低气温、日照时数等，涵盖全国（除我国香港特区、澳门特区、台湾省和南海诸岛以外）。剔除数据缺测严重的站点和部分高山站点，最终选用了684个气象台（站）的数据作为本卷图集制图的基础数据。

2. 专题地图底图资料来源于标准地图服务系统。

3. 水稻生育期资料：20世纪70—80年代的生育期资料来自崔读昌等收集的全国近2000个县（市、区）的水稻（一季稻、双季早稻、双季晚稻）的生育期资料和全国主要作物品种区域试验的生育期资料。21世纪10年代的作物生育期资料来自我们调研的全国2000多个县（市、区）的资料，并按照时段相对一致、测定方法一致、数据表示方法一致的原则，对水稻生育期及相关数据进行处理和整编。此外，本卷图集涉及光温生产潜力、光合生产潜力均为年平均值。

二、资料整编及处理

在收集和整理水稻生育期及相关资料时，首先考虑水稻生长对环境条件的基本要求，其次考虑水稻生育期指标能够反映种植区域内的基本状况，使之有明确的地区代表性。同时，由于种植制度不同，在生育期资料整编时，一季稻以北方春播一季稻为主，早稻和晚稻只考虑南方双季早稻及双季晚稻。在绘制各等值线时，除了考虑气候条件外，还考虑了水稻生长发育的规律和农业生产的实际情况。

按照本系列图集制定的工作规范，我们对已有的数据资料进行分析、整理，对缺失的相关数据资料进行了补充。本卷图集涉及的光、温、水分资源和主要气象灾害指标通过系统收集相关文献中各灾害指标获得，在比较分析的基础上，最终确定了各灾害指标的计算方法及其所需参数。

三、制图指标说明

1. 光温水指标说明：本卷图集选取与双季早稻、双季晚稻和北方一季稻生产实际关系最密切的13个指标进行制图，具体计算方法见表1。

表1 光温水资源制图指标计算方法

制图指标	农业含义	计算方法
生育期日照百分率	评价地区辐射资源的一个重要指标	作物某时段每日的日照时数之和除以作物某时段每日的可能日照时数之和
生育期≥10℃积温	作物种植界限与作物布局的主要依据	$q=\sum_{n_2}^{n_1}T_i$（n_1为作物生育期≥10℃的起始日期；n_2为作物生育期≥10℃的终止日期；T_i为作物某生育期日平均气温≥10℃的日平均气温值）
生育期≥15℃积温	作物种植界限与作物布局的主要依据	$q=\sum_{n_2}^{n_1}T_i$（n_1为作物生育期≥15℃的起始日期；n_2为作物生育期≥15℃的终止日期；T_i为作物某生育期日平均气温≥15℃的日平均气温值）
生育期平均气温	作物种植制度的主要参考数据	作物生育期内日平均气温均值
生育期极端最高气温	作物种植界限的主要参考依据	作物生育期内日平均极端最高气温均值
生育期极端最低气温	作物种植界限的主要参考依据	作物生育期内日平均极端最低气温均值
光温生产潜力	作物在水肥条件处于最适状态时，由光温因素组合所决定的产量水平，反映了在最高投入水平下，特定作物在一个地区灌溉农田可能达到的产量上限	FAO-AEZ方法
生育期降水量	作物生育期内总降水量，反映生育阶段主要水分收入的多少	生育期内逐日降水量求和
各生育阶段降水量	作物不同生育阶段内降水量，反映不同生育阶段主要水分收入的多少	不同生育阶段内逐日降水量求和
75%降水保证率条件下生育期降水量	4年三遇条件下作物生长季降水量	绘制降水量保证率曲线图，查出75%降水保证率对应的降水量值

续表

制图指标	农业含义	计算方法
生育期需水量	作物生育期需水量，反映作物最大水分支出	生育期内作物系数与日参考作物蒸散量乘积求和
生育期降水盈亏量	作物生育期降水量与需水量的差值，反映降水与最大潜在水分支出的平衡关系	降水量减需水量
75%降水保证率下降水盈亏量	作物生育期4年三遇条件下降水量与需水量的差值	75%降水保证率下作物生长季降水量减作物生长季（各生育阶段）需水量

2. 灾害指标类型说明：本卷图集中水稻不同生育期的不同等级和类型的农业气象灾害指标引自国家标准或气象行业标准。双季早稻灾害指标说明见表2，包括育秧期低温阴雨、5月低温、抽穗开花期高温和灌浆结实期高温等情况。

表2 双季早稻灾害指标说明

序号	灾害种类	生育期	指标	依据
1	育秧期轻度低温阴雨	2月11日—4月20日	持续3～5 d日平均气温≤12℃	QX/T 98—2008《早稻播种育秧期低温阴雨等级》
2	育秧期中度低温阴雨		持续6～9 d日平均气温≤12℃	
3	育秧期重度低温阴雨		持续≥10 d日平均气温≤12℃	
4	轻度5月低温	5月1日—6月10日	持续5～6 d日平均气温18～20℃	GB/T 27959—2011《南方水稻、油菜和柑桔低温灾害》
5	中度5月低温		持续7～9 d日平均气温18～20℃	
6	重度5月低温		持续≥10 d日平均气温18～20℃	
7	抽穗开花期高温	6月1日—6月30日	持续3 d日最高气温≥35℃	GB/T 21985—2008《主要农作物高温危害温度指标》
8	灌浆结实期高温	7月1日—7月31日	日最高气温≥30℃	

双季晚稻灾害指标说明见表3，包括育秧期高温、抽穗开花期高温、寒露风（湿冷型、干冷型）等情况。

表3 双季晚稻灾害指标说明

序号	灾害种类	生育期	指标	依据
1	育秧期高温	6月1日—6月30日	日最高气温≥35℃	GB/T 21985—2008《主要农作物高温危害温度指标》
2	抽穗开花期高温	9月1日—9月20日	持续≥3 d 日最高气温≥35℃	
3	轻度湿冷型寒露风	9月1日—10月10日	持续≥3 d 日平均气温≤23℃，且日最低气温>16℃；雨日≥1 d	QX/T 94—2008《寒露风等级》
4	重度湿冷型寒露风		持续≥3 d 日平均气温≤21℃，且日最低气温≤16℃；雨日≥2 d	
5	轻度干冷型寒露风		持续≥3 d 日平均气温≤22℃，且日最低气温>16℃	
6	重度干冷型寒露风		持续≥3 d 平均气温≤20℃，且日最低气温>16℃	

北方一季稻灾害指标说明见表4，包括孕穗期障碍型冷害、抽穗开花期障碍型冷害等情况。

表4 北方一季稻灾害指标说明

序号	灾害种类	生育期	指标	依据
1	北方一季稻孕穗期障碍型冷害	6月20日—7月10日	持续≥2 d 日平均气温<17℃	QX/T 101—2009《水稻、玉米冷害等级》
2	北方一季稻抽穗开花期障碍型冷害	7月20日—8月10日	持续≥2 d 日平均气温<19℃	

目 录

1 双季早稻　　001

1.1　双季早稻关键生育期　　002

20世纪80年代双季早稻播种期　　003
21世纪10年代双季早稻播种期　　004
20世纪80年代双季早稻移栽期　　005
21世纪10年代双季早稻移栽期　　006
20世纪80年代双季早稻拔节期　　007
21世纪10年代双季早稻拔节期　　008
20世纪80年代双季早稻抽穗期　　009
21世纪10年代双季早稻开花期　　010
20世纪80年代双季早稻成熟期　　011
21世纪10年代双季早稻成熟期　　012

1.2　双季早稻全生育期光温水资源　　013

21世纪10年代双季早稻播种期—成熟期日数　　016
双季早稻播种期—成熟期日照百分率　　017

双季早稻播种期—成熟期≥10℃积温	018
双季早稻播种期—成熟期≥15℃积温	019
双季早稻播种期—成熟期平均气温	020
双季早稻播种期—成熟期极端最高气温	021
双季早稻播种期—成熟期极端最低气温	022
双季早稻播种期—成熟期光温生产潜力	023
双季早稻播种期—成熟期降水量	024
双季早稻播种期—成熟期需水量	025
双季早稻播种期—成熟期降水盈亏量	026
75％降水保证率双季早稻播种期—成熟期降水量	027
75％降水保证率双季早稻播种期—成熟期降水盈亏量	028

1.3 双季早稻各生育期水资源及灾害　　029

1.3.1 双季早稻播种期—移栽期水资源及灾害　029

21世纪10年代双季早稻播种期—移栽期日数	031
双季早稻播种期—移栽期降水量	032
双季早稻播种期—移栽期需水量	033
双季早稻播种期—移栽期降水盈亏量	034
双季早稻育秧期轻度低温阴雨发生频率	035
双季早稻育秧期中度低温阴雨发生频率	036
双季早稻育秧期重度低温阴雨发生频率	037

1.3.2 双季早稻移栽期—拔节期水资源及灾害　038

21世纪10年代双季早稻移栽期—拔节期日数	039
双季早稻移栽期—拔节期降水量	040
双季早稻移栽期—拔节期需水量	041
双季早稻移栽期—拔节期降水盈亏量	042
双季早稻轻度5月低温发生频率	043
双季早稻中度5月低温发生频率	044

| 双季早稻重度5月低温发生频率 | 045 |

1.3.3 双季早稻拔节期—开花期水资源及灾害 046

21世纪10年代双季早稻拔节期—开花期日数	047
双季早稻拔节期—开花期降水量	048
双季早稻拔节期—开花期需水量	049
双季早稻拔节期—开花期降水盈亏量	050
双季早稻抽穗开花期高温发生频率	051

1.3.4 双季早稻开花期—成熟期水资源及灾害 052

21世纪10年代双季早稻开花期—成熟期日数	053
双季早稻开花期—成熟期降水量	054
双季早稻开花期—成熟期需水量	055
双季早稻开花期—成熟期降水盈亏量	056
双季早稻灌浆结实期高温发生频率	057

2 双季晚稻 059

2.1 双季晚稻关键生育期 060

20世纪80年代双季晚稻播种期	062
21世纪10年代双季晚稻播种期	063
20世纪80年代双季晚稻移栽期	064
21世纪10年代双季晚稻移栽期	065
20世纪80年代双季晚稻拔节期	066
21世纪10年代双季晚稻拔节期	067
20世纪80年代双季晚稻抽穗期	069
21世纪10年代双季晚稻开花期	069
20世纪80年代双季晚稻成熟期	070
21世纪10年代双季晚稻成熟期	071

2.2 双季晚稻全生育期光温水资源　　　　　　　　　　072

21世纪10年代双季晚稻播种期—成熟期日数	075
双季晚稻播种期—成熟期日照百分率	076
双季晚稻播种期—成熟期≥10℃积温	077
双季晚稻播种期—成熟期≥15℃积温	078
双季晚稻播种期—成熟期平均气温	079
双季晚稻播种期—成熟期极端最高气温	080
双季晚稻播种期—成熟期极端最低气温	081
双季晚稻播种期—成熟期光温生产潜力	082
双季晚稻播种期—成熟期降水量	083
双季晚稻播种期—成熟期需水量	084
双季晚稻播种期—成熟期降水盈亏量	085
75%降水保证率双季晚稻播种期—成熟期降水量	086
75%降水保证率双季晚稻播种期—成熟期降水盈亏量	087

2.3 双季晚稻各生育期水资源及灾害　　　　　　　　088

2.3.1 双季晚稻播种期—移栽期水资源及灾害　　088

21世纪10年代双季晚稻播种期—移栽期日数	090
双季晚稻播种期—移栽期降水量	091
双季晚稻播种期—移栽期需水量	092
双季晚稻播种期—移栽期降水盈亏量	093
双季晚稻育秧期高温发生频率	094

2.3.2 双季晚稻移栽期—拔节期水资源　　095

21世纪10年代双季晚稻移栽期—拔节期日数	096
双季晚稻移栽期—拔节期降水量	097
双季晚稻移栽期—拔节期需水量	098
双季晚稻移栽期—拔节期降水盈亏量	099

2.3.3 双季晚稻拔节期—开花期水资源及灾害　　100

21世纪10年代双季晚稻拔节期—开花期日数　　102
双季晚稻拔节期—开花期降水量　　103
双季晚稻拔节期—开花期需水量　　104
双季晚稻拔节期—开花期降水盈亏量　　105
双季晚稻抽穗开花期高温发生频率　　106
双季晚稻轻度湿冷型寒露风发生频率　　107
双季晚稻重度湿冷型寒露风发生频率　　108
双季晚稻轻度干冷型寒露风发生频率　　109
双季晚稻重度干冷型寒露风发生频率　　110

2.3.4 双季晚稻开花期—成熟期水资源及灾害　　111

21世纪10年代双季晚稻开花期—成熟期日数　　112
双季晚稻开花期—成熟期降水量　　113
双季晚稻开花期—成熟期需水量　　114
双季晚稻开花期—成熟期降水盈亏量　　115

3 ｜ 北方一季稻　　117

3.1 北方一季稻关键生育期　　118

20世纪80年代北方一季稻播种期　　119
21世纪10年代北方一季稻播种期　　120
20世纪80年代北方一季稻移栽期　　121
21世纪10年代北方一季稻移栽期　　122
20世纪80年代北方一季稻拔节期　　123
21世纪10年代北方一季稻拔节期　　124
20世纪80年代北方一季稻抽穗期　　125
21世纪10年代北方一季稻开花期　　126
20世纪80年代北方一季稻成熟期　　127
21世纪10年代北方一季稻成熟期　　128

3.2 北方一季稻全生育期光温水资源 　　129

21世纪10年代北方一季稻播种期—成熟期日数	131
北方一季稻播种期—成熟期日照百分率	132
北方一季稻播种期—成熟期≥10℃积温	133
北方一季稻播种期—成熟期≥15℃积温	134
北方一季稻播种期—成熟期平均气温	135
北方一季稻播种期—成熟期极端最高气温	135
北方一季稻播种期—成熟期极端最低气温	137
北方一季稻播种期—成熟期光温生产潜力	138
北方一季稻播种期—成熟期降水量	139
北方一季稻播种期—成熟期需水量	140
北方一季稻播种期—成熟期降水盈亏量	141
75%降水保证率北方一季稻播种期—成熟期降水量	142
75%降水保证率北方一季稻播种期—成熟期降水盈亏量	143

3.3 北方一季稻各生育期水资源及灾害 　　144

3.3.1 北方一季稻播种期—移栽期水资源 　　144

北方一季稻播种期—移栽期日数	145
北方一季稻播种期—移栽期降水量	146
北方一季稻播种期—移栽期需水量	147
北方一季稻播种期—移栽期降水盈亏量	148

3.3.2 北方一季稻移栽期—拔节期水资源 　　149

北方一季稻移栽期—拔节期日数	150
北方一季稻移栽期—拔节期降水量	151
北方一季稻移栽期—拔节期需水量	152
北方一季稻移栽期—拔节期降水盈亏量	153

3.3.3 北方一季稻拔节期—开花期水资源及灾害　154

北方一季稻拔节期—开花期日数　155
北方一季稻拔节期—开花期降水量　156
北方一季稻拔节期—开花期需水量　157
北方一季稻拔节期—开花期降水盈亏量　158
北方一季稻孕穗期障碍型冷害发生频率　159
北方一季稻抽穗开花期障碍型冷害发生频率　160

3.3.4 北方一季稻开花期—成熟期水资源　161

北方一季稻开花期—成熟期日数　162
北方一季稻开花期—成熟期降水量　163
北方一季稻开花期—成熟期需水量　164
北方一季稻开花期—成熟期降水盈亏量　165

参考文献　167

1 | 双季早稻

双季早稻主要分布在淮河以南的东南地区，包括江苏中南部、安徽中南部、河南南部、湖北中东部、云南南部、湖南、广西、江西、浙江、福建、广东和海南。

水稻为喜阳作物，南方地区育秧阶段常遭遇阴雨寡照天气而发生烂秧现象。移栽后如果光照不足，会导致秧苗返青慢且容易徒长；在水稻分蘖期间如遇光照不足天气，会抑制分蘖，减少分蘖数，导致水稻结实率下降，空壳率增加，千粒重下降。在水稻播种期和生长期，需要密切关注天气情况并加强管理。

1.1 双季早稻关键生育期

双季早稻关键生育期可划分为播种期、移栽期、拔节期、开花期和成熟期。

20世纪80年代双季早稻成熟期为7月初至8月初,其中华南湿润双季稻作区为7月初至中旬,长江流域湿润双季稻作区为7月下旬至8月初。与20世纪80年代相比,21世纪10年代双季早稻成熟期明显提前,尤其是长江流域湿润双季稻作区,成熟期提前了10 d左右。

20世纪80年代双季早稻播种期—成熟期日数为105～140 d,在空间上呈现由南向北逐渐缩短的变化趋势:在云南南部、广东、广西、福建、海南和台湾等地区,一般播种期—成熟期日数为120～140 d,长江流域湿润双季稻作区播种期—成熟期日数为105～120 d。21世纪10年代双季早稻播种期—成熟期日数为95～110 d,受气候变暖、品种更替及农业新技术应用的影响,播种期—成熟期日数缩短。

21世纪10年代双季早稻播种期—移栽期日数为20～30 d,自北向南逐渐减少。21世纪10年代双季早稻移栽期—拔节期日数为25～30 d,其中种植区的北方跟南方较长,为30 d,北纬25°至北纬30°范围内较短,为25 d左右。

21世纪10年代双季早稻拔节期—开花期日数为25～30 d,其中种植区的北方跟南方较短,为25 d,北纬25°至北纬30°范围内较长,为30 d左右。21世纪10年代双季早稻开花期—成熟期日数为20～30 d,自北向南逐渐增加。

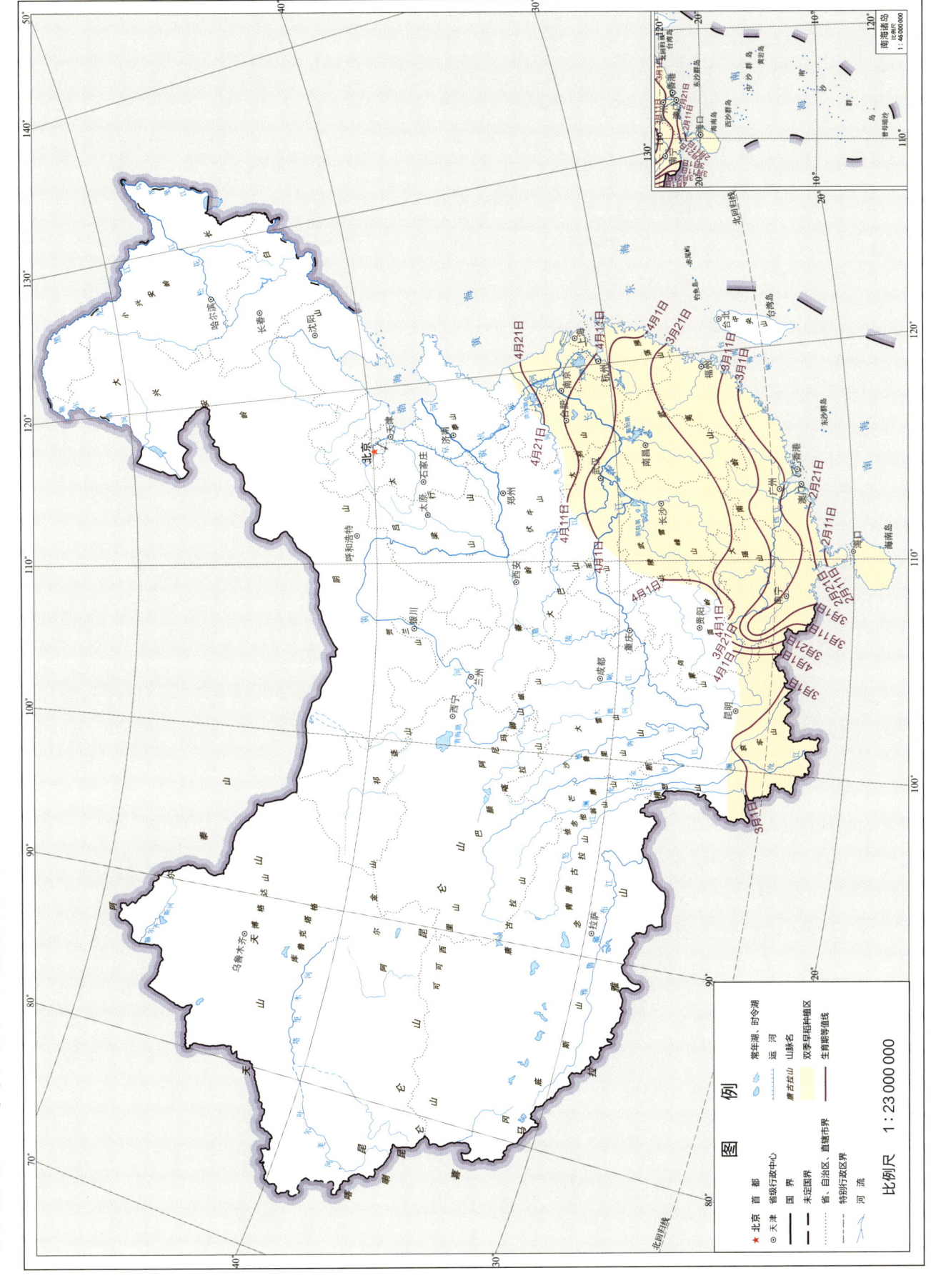

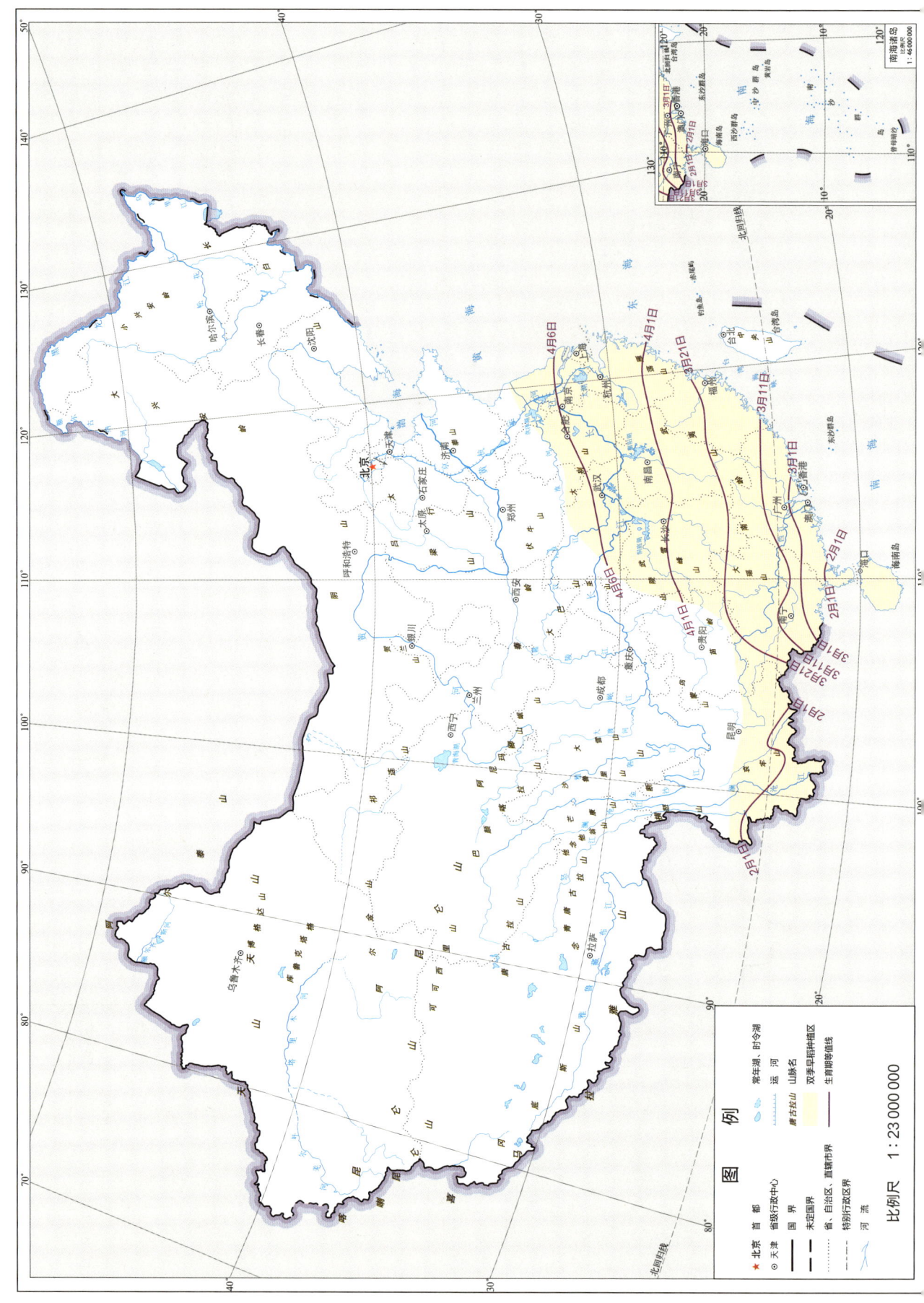

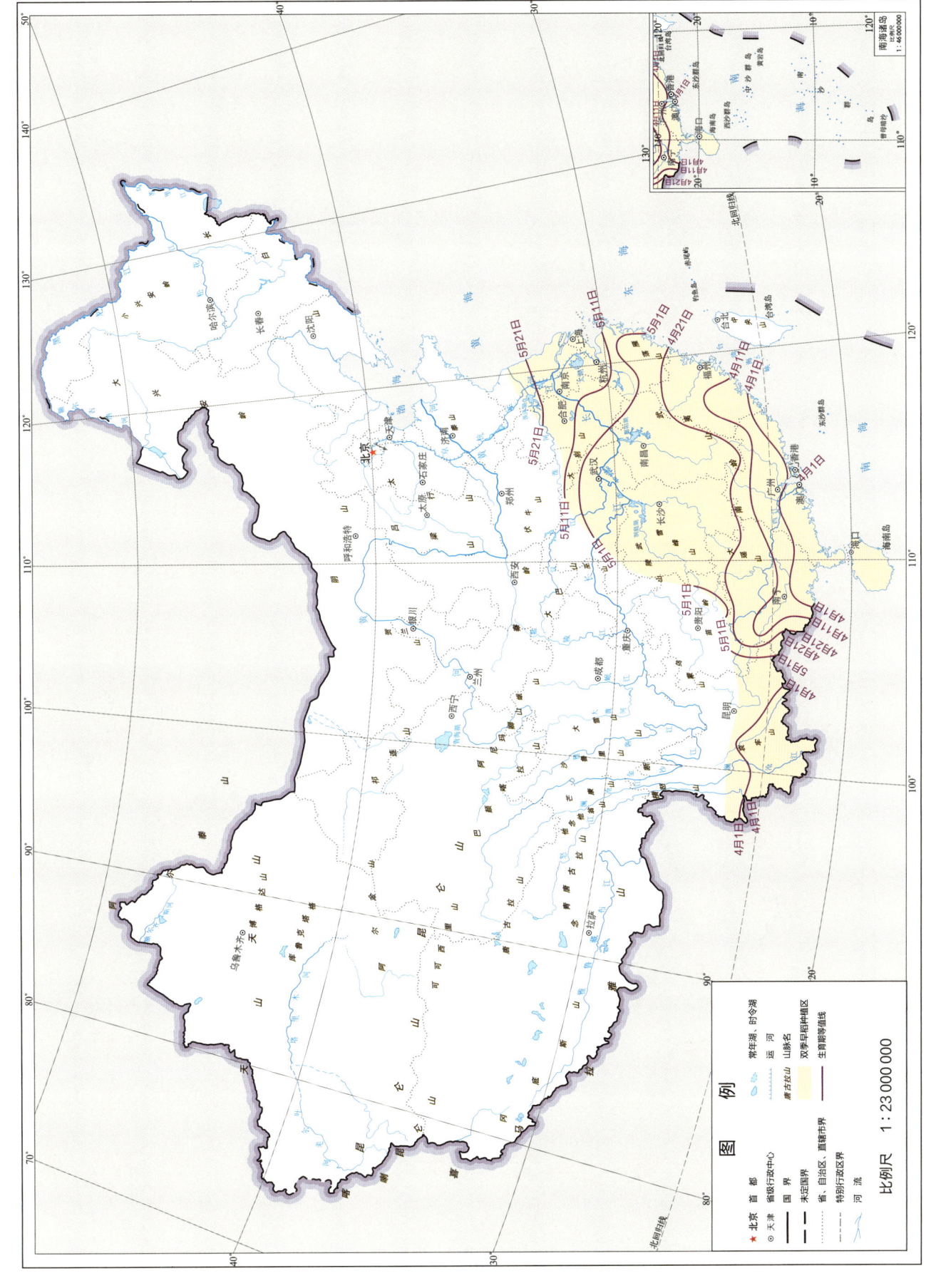

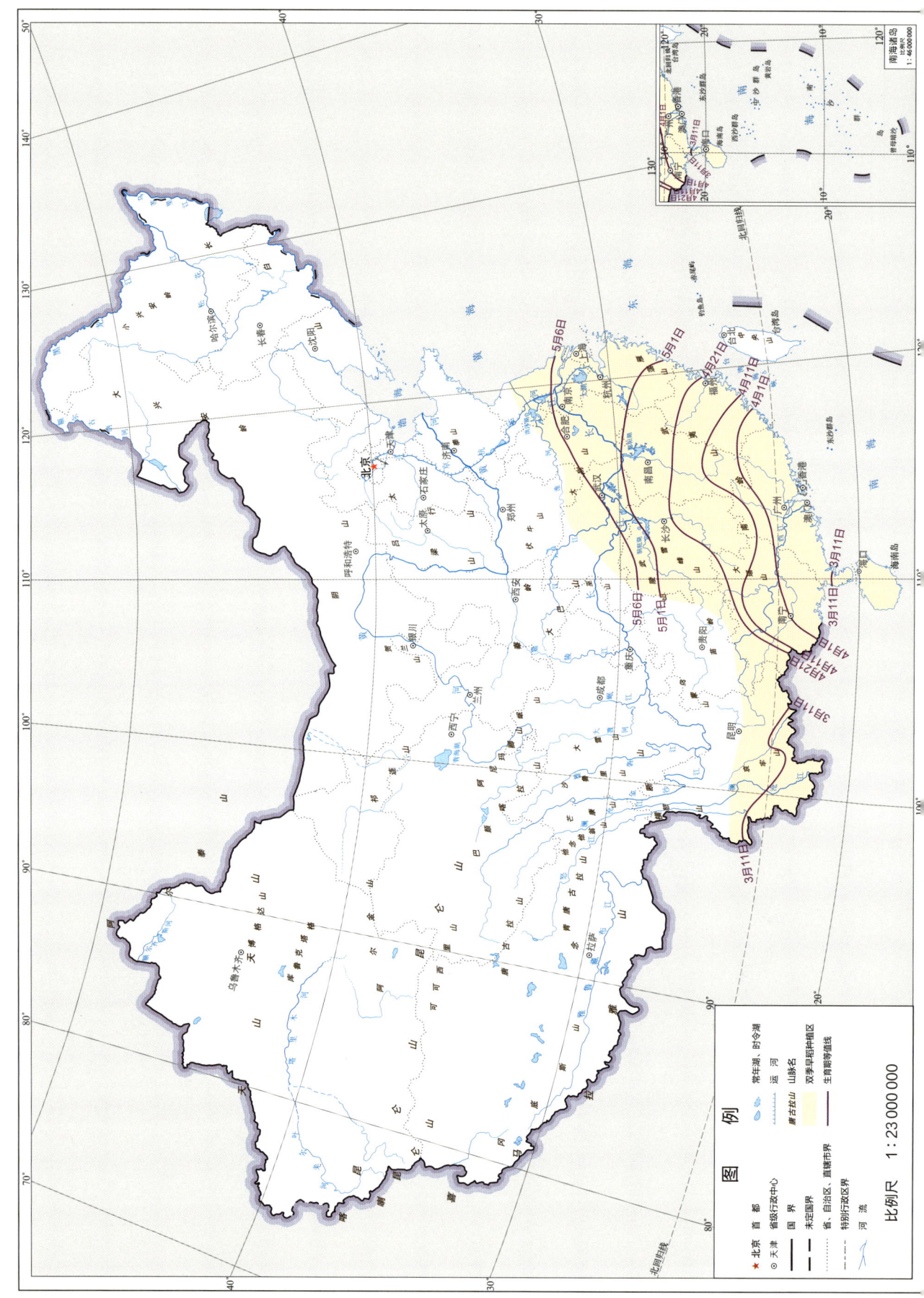

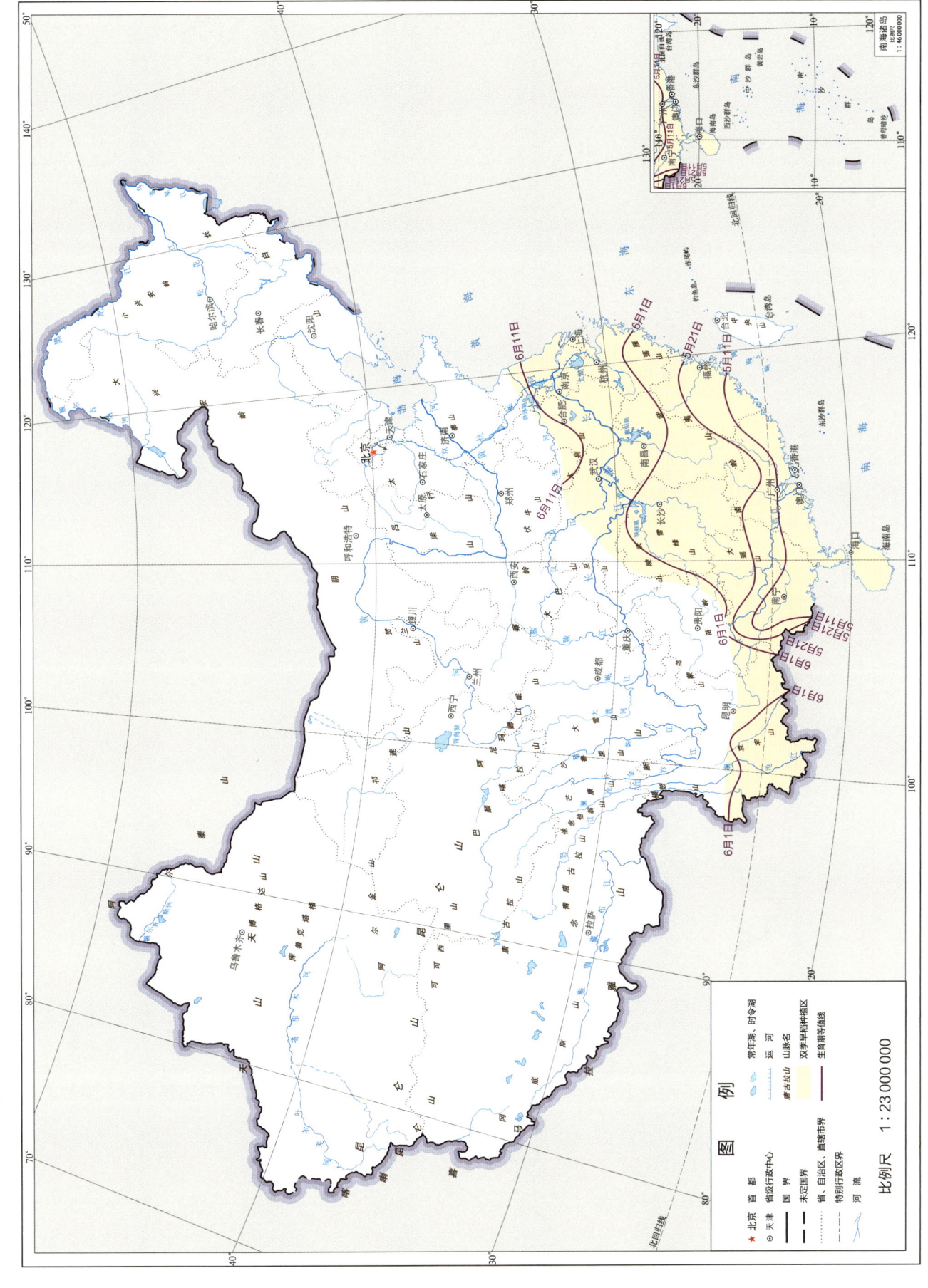

20世纪80年代双季早稻秧节日期

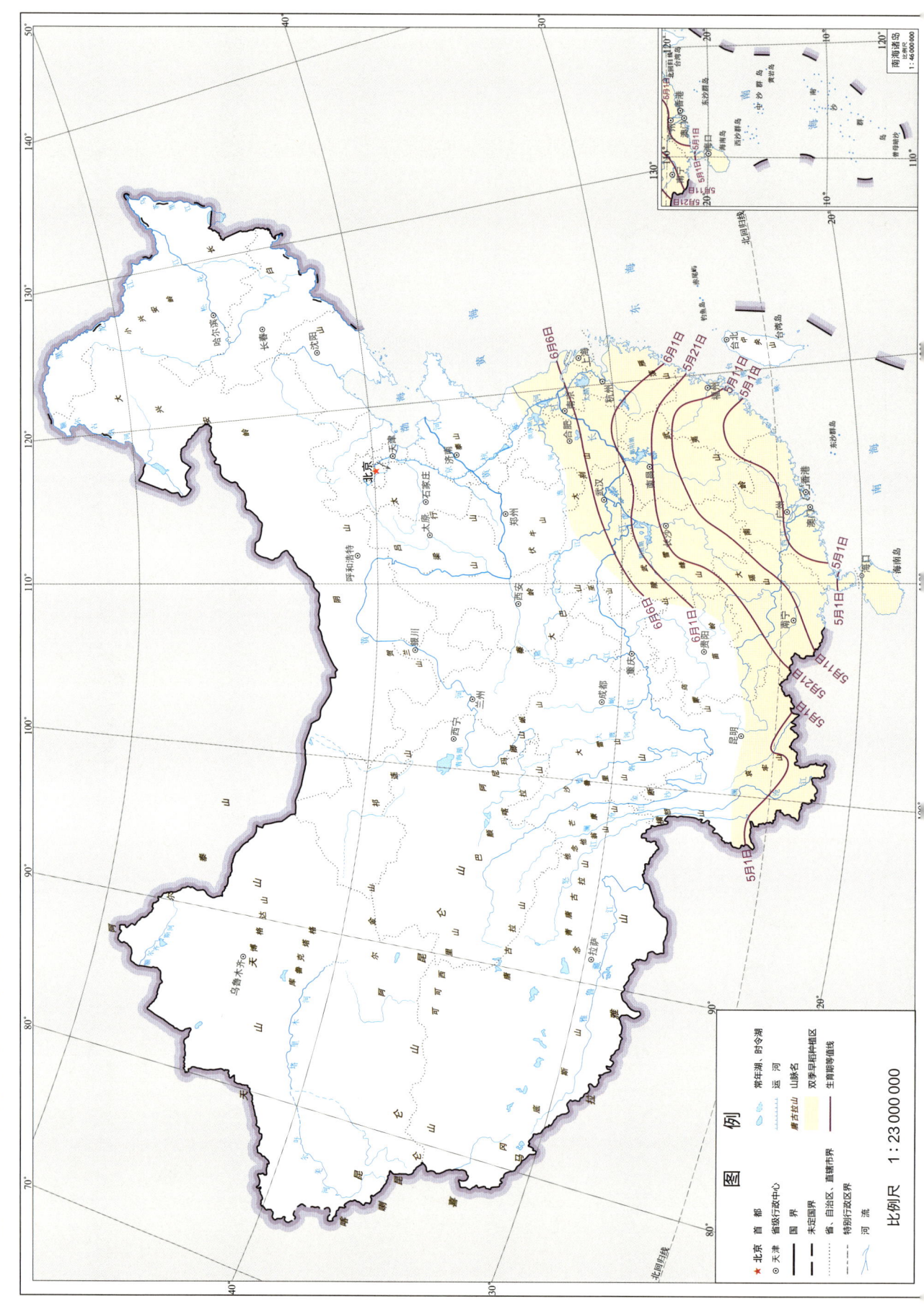

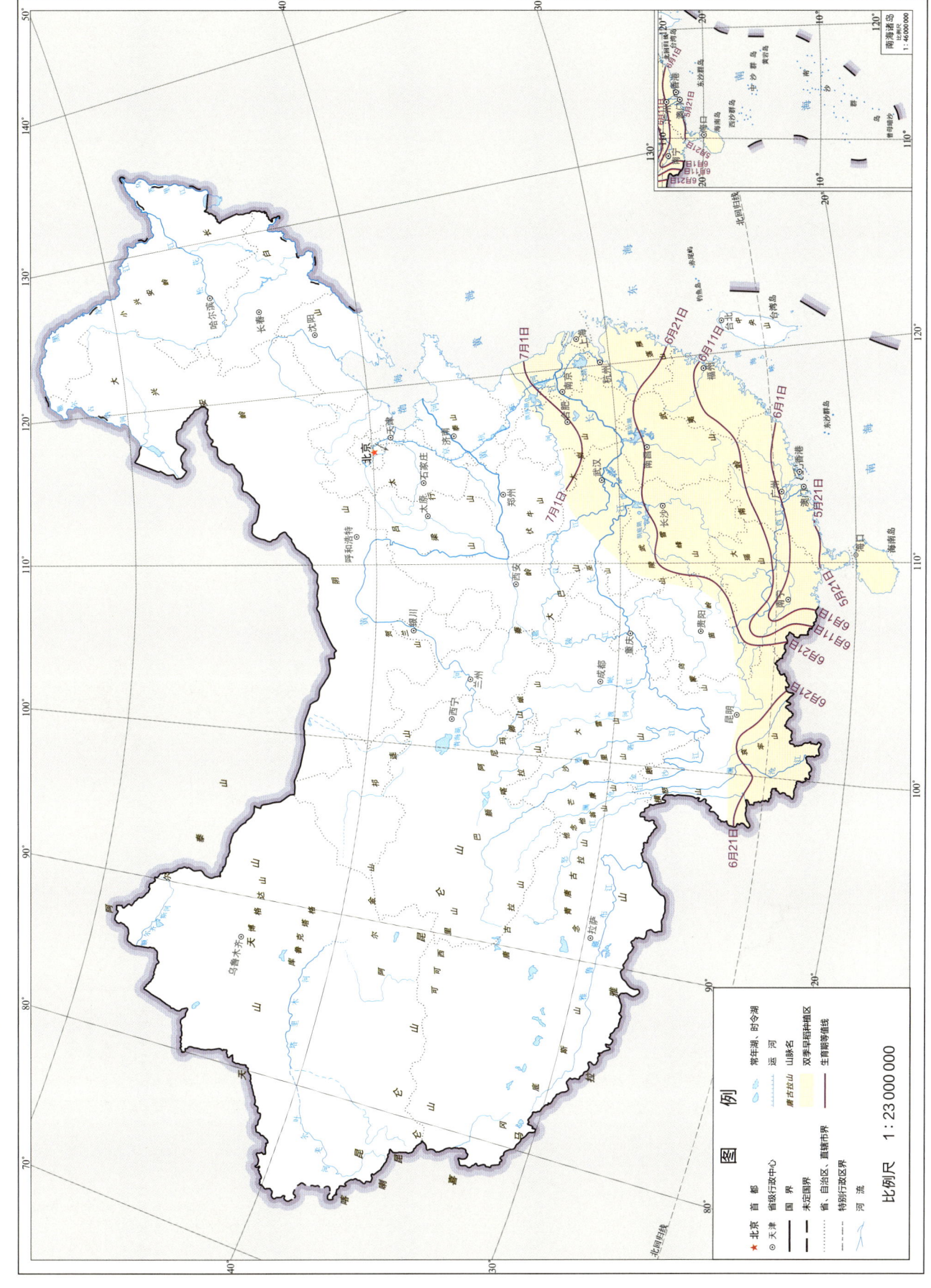

21世纪10年代双季早稻开花期

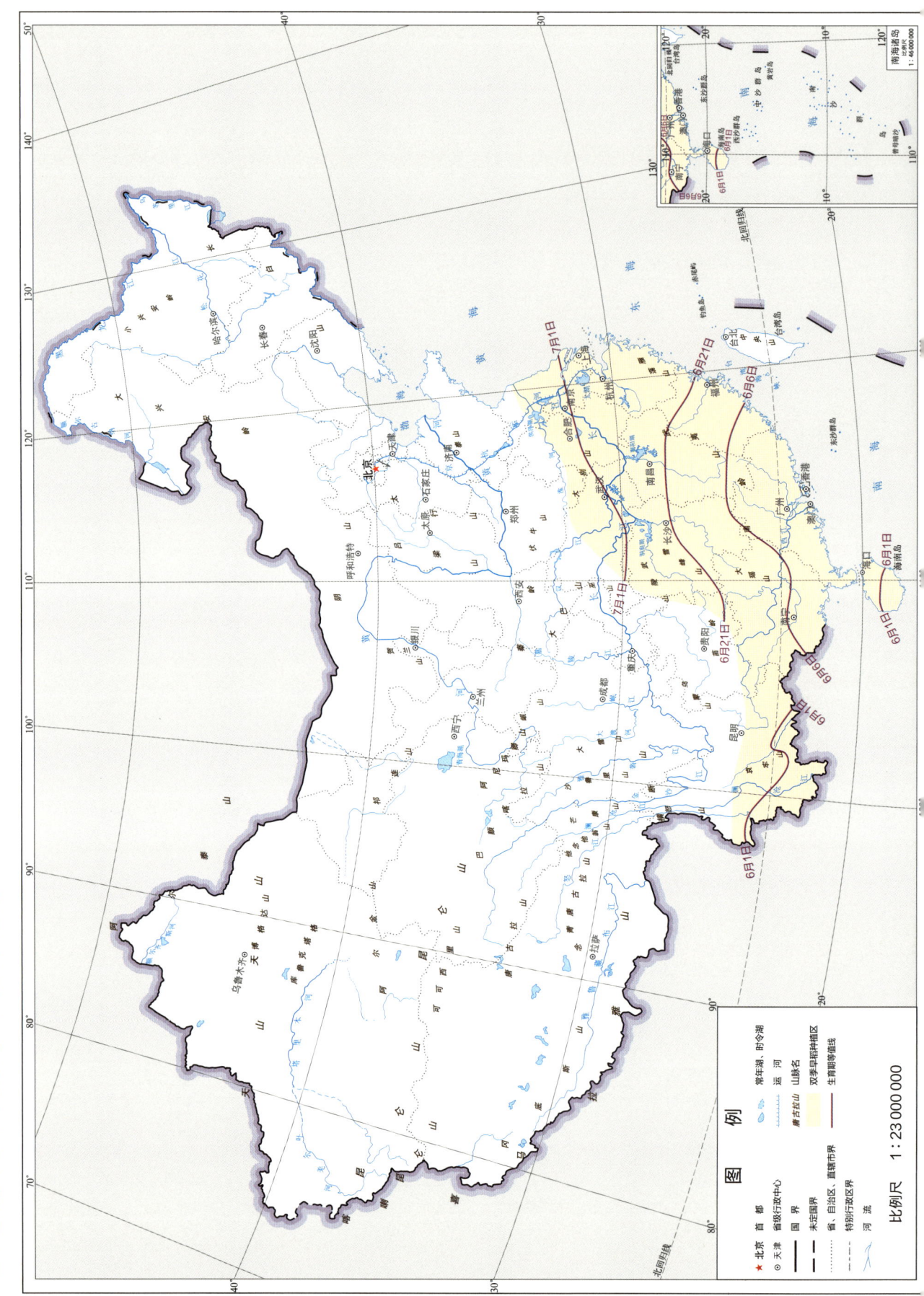

20世纪80年代双季早稻成熟期

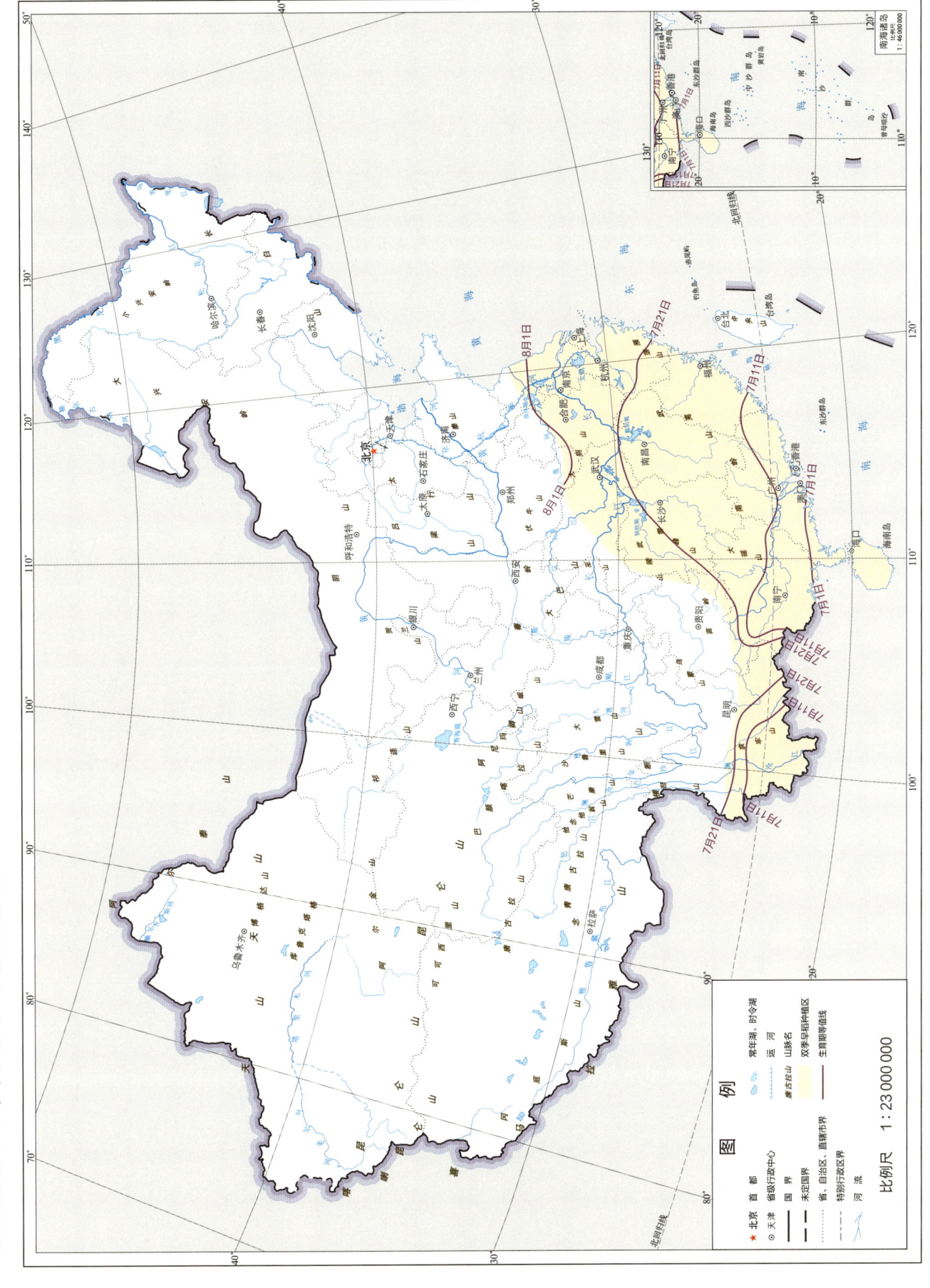

1 双季早稻

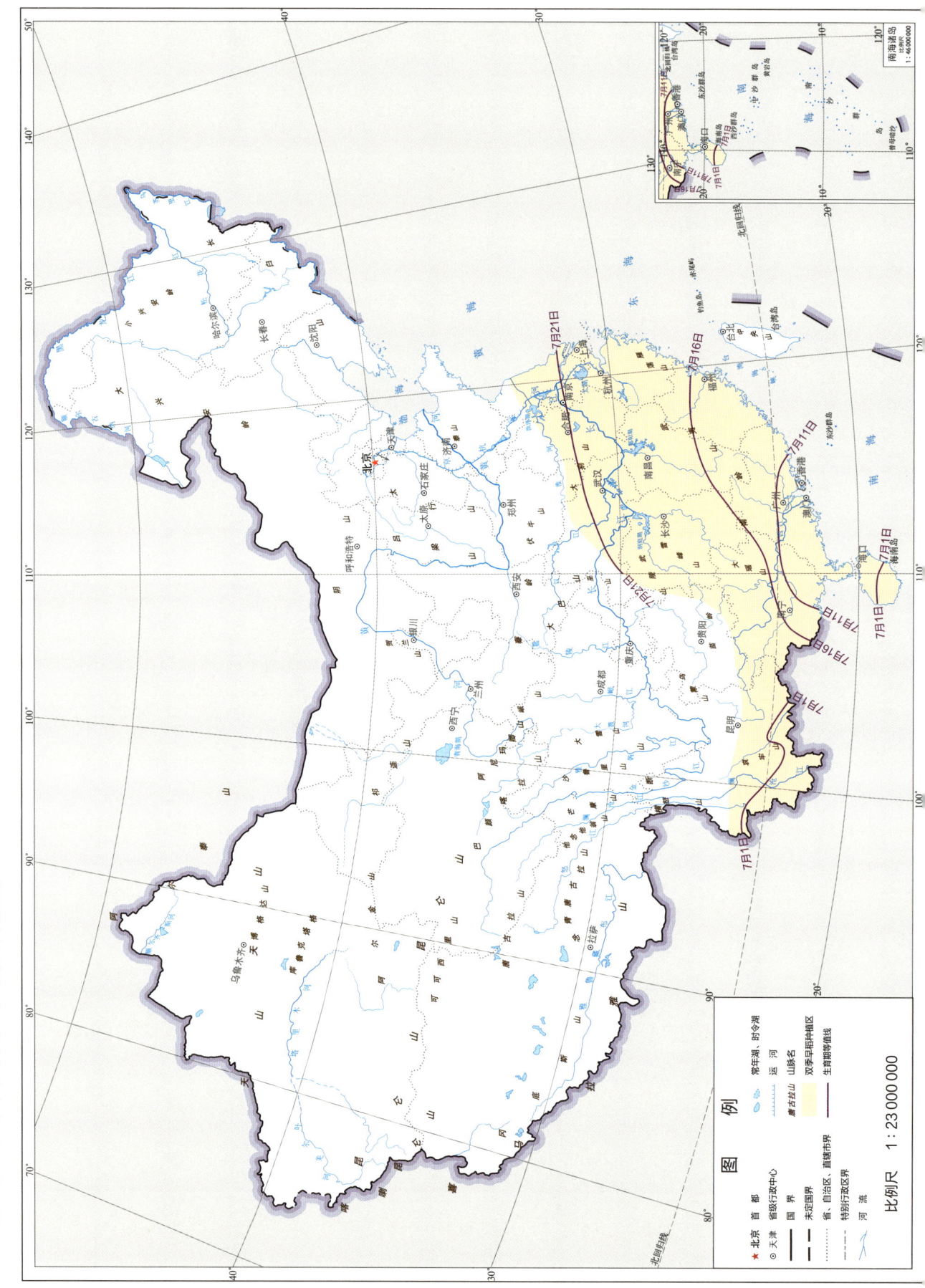

1.2 双季早稻全生育期光温水资源

双季早稻播种期—成熟期日照百分率变化范围为30%～55%，日照条件一般，其中广西的日照条件最差，江苏、海南和云南日照条件逐渐变好。湖北西北部、安徽中部、江苏中南部和浙江西北部，日照百分率＞40%，日照条件较好；湖北南部、湖南西北部、江西北部和浙江西部及中部，日照百分率为35%～40%，日照条件一般；福建、广西东部、江西南部和湖南西部及南部，日照百分率为30%～35%，日照条件较差；广西中东部和广东中西部，日照百分率＜30%，日照时间较短，日照条件很差。广西西部和云南南部，日照百分率从东往西，由30%增加到＞50%。

10℃积温：农业上一般认为，≥10℃的积温（全年连续≥10℃日均温之和）2000℃等温线代表了种植水稻的最低积温线。积温达2300℃·d时，水稻可以稳定生长。双季早稻播种期—成熟期≥10℃积温的变化范围为2400～3400℃·d。在双季早稻种植区域内，海南南部≥10℃积温最高，浙江东南沿海、福建东北部、湖南湖北交界处的鹤峰县、五峰土家族自治县和武陵源区的≥10℃积温最低。

15℃积温：双季早稻播种期—成熟期≥15℃积温的变化范围为2200～3400℃·d。在双季早稻种植区域内，海南南部≥15℃积温最高，＞3400℃·d。浙江沿海和福建东北部沿海≥15℃积温最低，＜2200℃·d。江苏西部、安徽中部和湖北中部，≥15℃积温＞2600℃·d。湖北南部、安徽南部、江苏东部、浙江中西部、福建南部、江西和湖南中东部≥15℃积温的变化范围为2400～2600℃·d。浙江中东部和湖南西部，≥15℃积温＜2400℃·d。海南、广东和广西，从北到南，≥15℃积温由2600℃·d增加到＞3400℃·d。云南大部分地区≥15℃积温的变化范围为2600～3000℃·d。积温可反映一个地区的热量资源充沛程度，有效积温高的地区，可以采用晚熟品种，以提高单产。

平均气温：双季早稻播种期—成熟期平均气温变化范围为21～25℃。在双季早稻种植区域内，海南平均气温最高，＞25℃。湖南西部、浙江沿海地区和福建东北部，平均气温最低，＜22℃。江苏、安徽南部、湖北南部、江西中部、广东北部和广西北部，平均气温为23～24℃。江西西部及东部、浙江、福建和湖南，平均气温＜23℃。广东南部和广西南部，平均气温＞24℃。云南的平均气温变化范围比较大，为21～24℃。

极端最高气温：双季早稻播种期—成熟期极端最高气温变化范围为24～30℃。在双季早稻种植区域内，江西南昌周边极端最高气温最高，＜30℃。云南文山周边极端最高气温最低，＜24℃。江苏中南部、安徽中南部、湖北中南部、浙江、湖南中东部、江西除南昌周边、广西中东部、广东、海南和福建东南部，极端最高气温变化范围为28～30℃。云南极端最高气温变化范围为24～28℃，随着气候变化，早稻花期遭遇高温热害的频率有所增加，需要关注天气预报，在出行日最高气温＞35℃时应保证田间充分灌水，提高水稻冠层高度的空气湿度，以减轻高温的危害程度。

极端最低气温：双季早稻播种期—成熟期极端最低气温变化范围为13～19℃。在双季早稻种植区域内，极端最低气温从南北两端向福建、江西和湖南递减。江西周边和三亚周边极端最低气温最高，＞19℃。湖南南部极端最低气温最低，＜13℃，早稻育秧期间常遭遇低温，需要加强苗床管理，培育壮秧。

光温生产潜力：可近似地看成当地早稻产量的上限，播种期—成熟期光温生产潜力变化范围为11000～16000 kg/hm^2。在双季早稻种植区域内，光温生产潜力从南北两端向福建西部、浙江南部、江西和湖南递减。江西周边和三亚周边光温生产潜力最高，＞16000 kg/hm^2。湖北南部、安徽南部、福建东部、浙江中北部、江西和湖南光温生产潜力最低，＜11000 kg/hm^2。湖北中部、安徽中部、江苏和浙江北部，光温生产潜力变化范围为11000～12000 kg/hm^2。广东、广西和福建东南部，光温生产潜力在12000 kg/hm^{2}左右。云南南部大部分地区光温生产潜力＞13000 kg/hm^2。海南大部分地区光温生产潜力＞15000 kg/hm^2。

降水量：双季早稻全生育期降水量为300～1070 mm，从西北到东南逐渐减少，区域平均降水量为682.8 mm。福建—广东一带是双季早稻全生育期内降水量最充沛的地区；云南北部和海南省是全生育期降水量最少的地区，＜400 mm。双季早稻全生育期需水量为200～450 mm，从南向北逐渐增加。种植区最北端的安徽省和江苏省水稻需水量最最多，>450 mm；需水量最少的海南省，为200 mm左右。双季早稻全生育期降水盈亏量由西北向东南沿海逐渐增加，区域平均值为321 mm，福建、广东以及广西北部地区双季早稻全生育期内降水盈亏量为480～640 mm，最高值>640 mm，降水最为充沛，正常年景下，全生育期不需要担心水分不足的问题。湖北及安徽北部全生育期内降水盈亏量为0 mm左右，水分供需基本平衡，无水分盈余。云南地区全生育期内降水盈亏量为0～240 mm，其中北部地区双季早稻全生育期内无水分盈余。在湖北、安徽北部及云南北部地区，水稻生长期间需关注季节性干旱导致缺水而影响水稻生长的现象。

75%降水保证率双季早稻全生育期降水量为265～830 mm，区域平均值为534.8 mm，广东和广西壮族自治区降水量最高，>720 mm，降水量自高值区向北和西南方向逐渐降低，江西西北部、湖南北部和浙江等地75%降水保证率双季早稻全生育期降水量为560～640 mm。江苏南部、安徽南部和湖北75%降水保证率双季早稻全生育期降水量为400～560 mm。安徽、江苏、湖北和云南降水量最少，<400 mm。

75%降水保证率双季早稻全生育期降水盈亏量为-170～500 mm，区域平均值为178.3 mm，广东和广西壮族自治区全生育期降水盈亏量最高，>400 mm，降水盈亏量自高值区向北和向西南递减，江西西北部、湖南北部和浙江等地75%降水保证率双季早稻全生育期降水盈亏量为160～240 mm；种植区内安徽北部、江苏北部和湖北以及云南的全生育期降水盈亏量最低，<-80 mm，水分不足，需要在季节性干旱时段补充灌水。

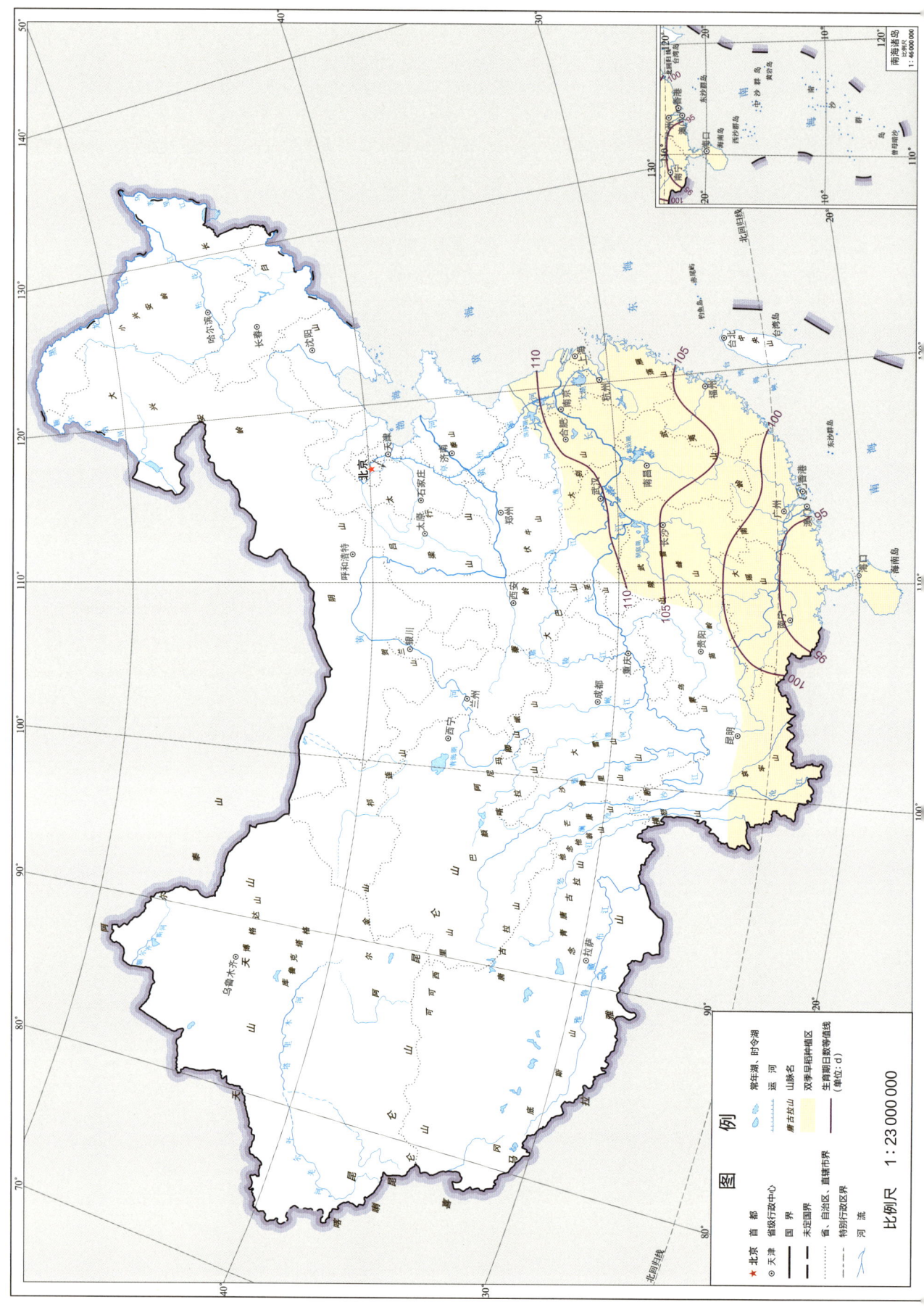

双季早稻播种期—成熟期日照百分率

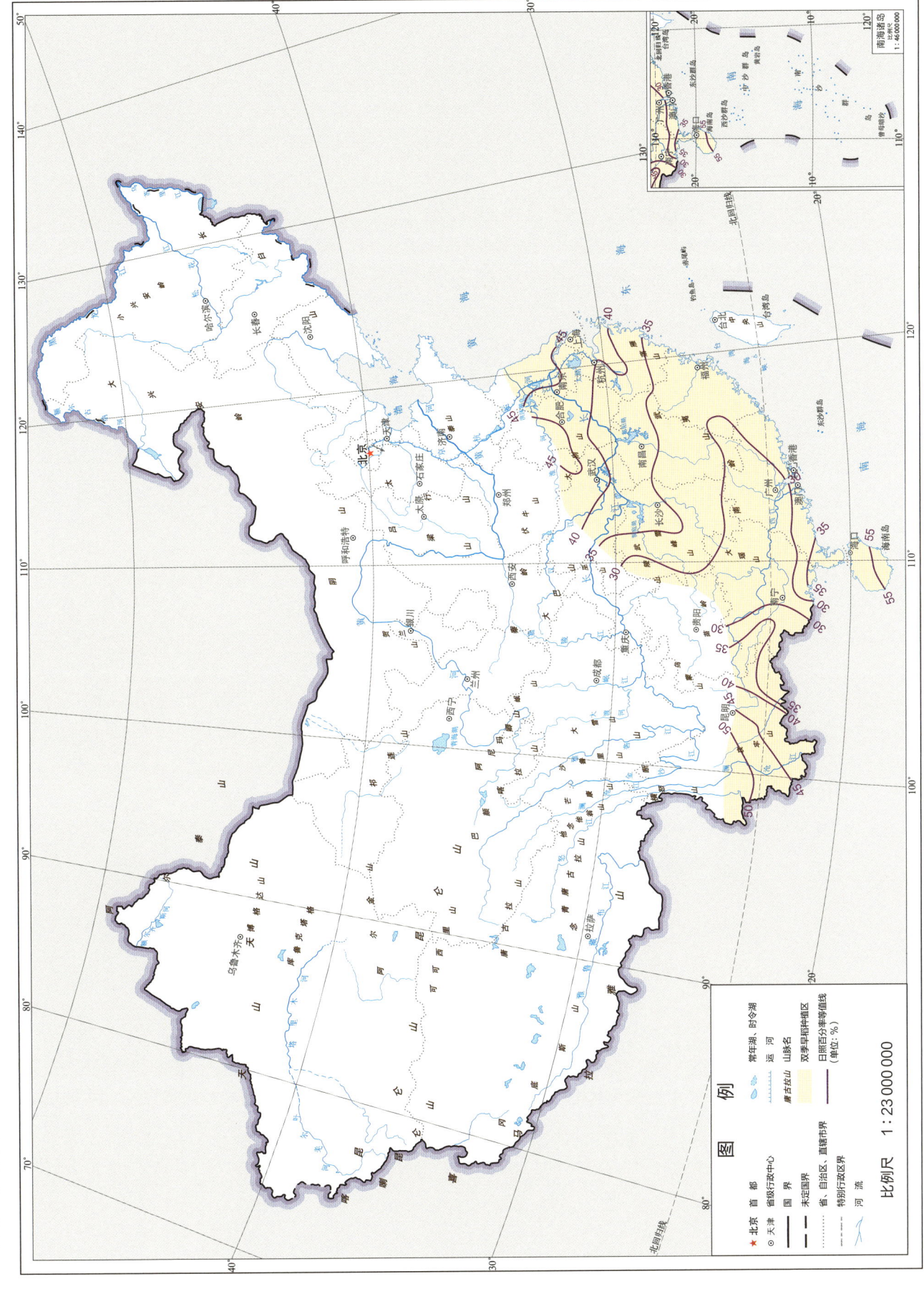

1 双季早稻

双季早稻播种期—成熟期≥10℃积温

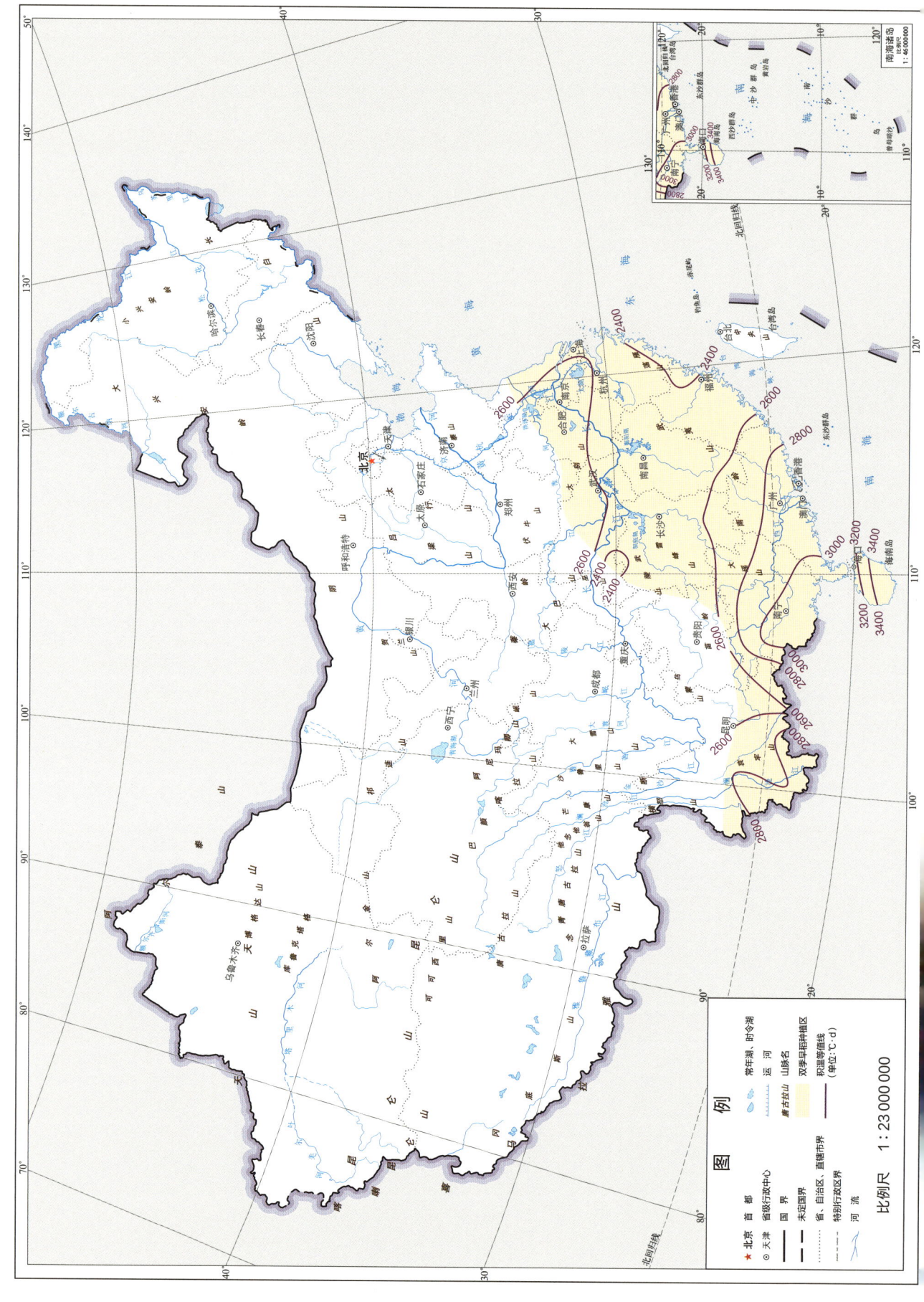

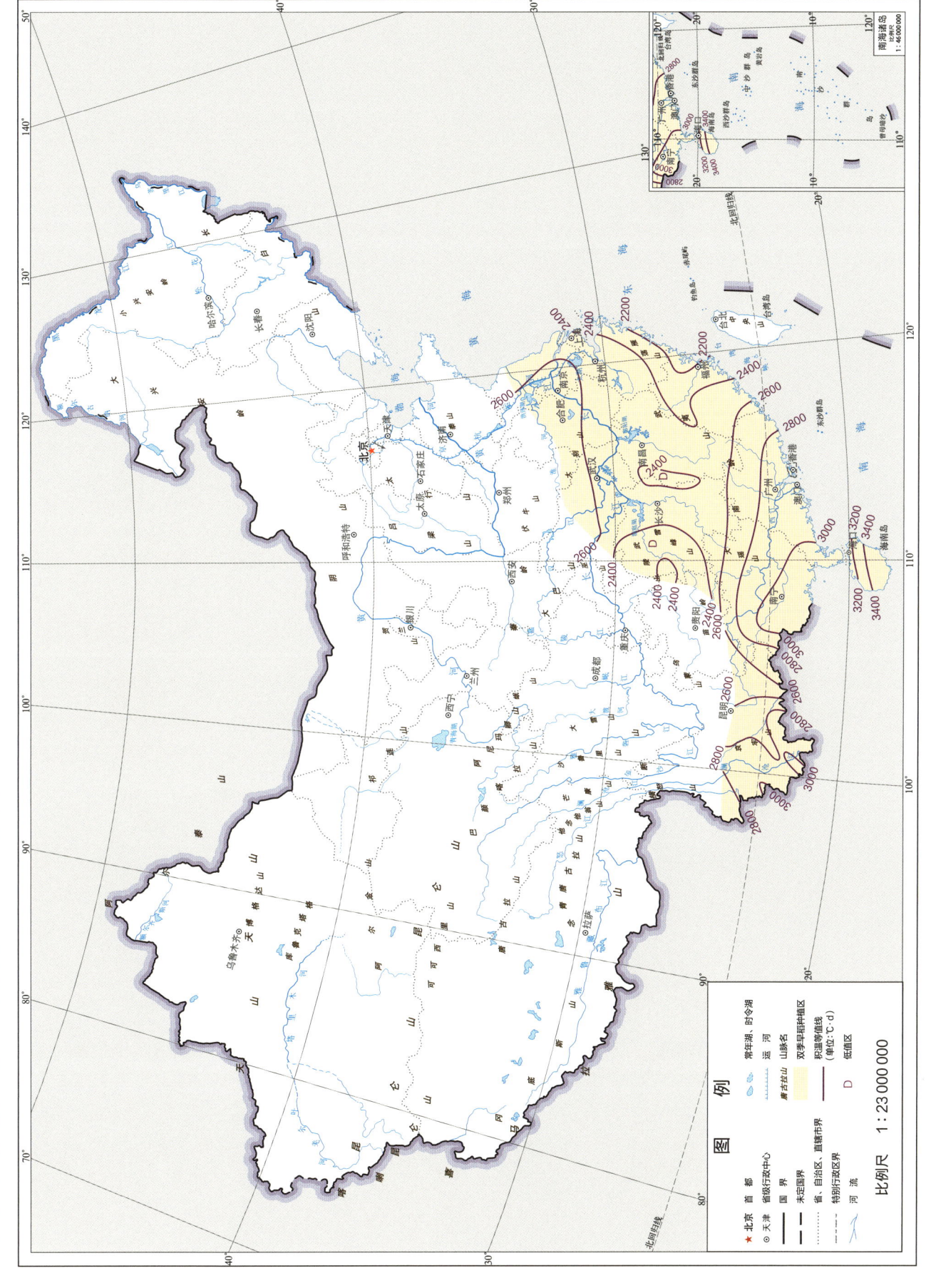

双季早稻播种期—成熟期平均气温

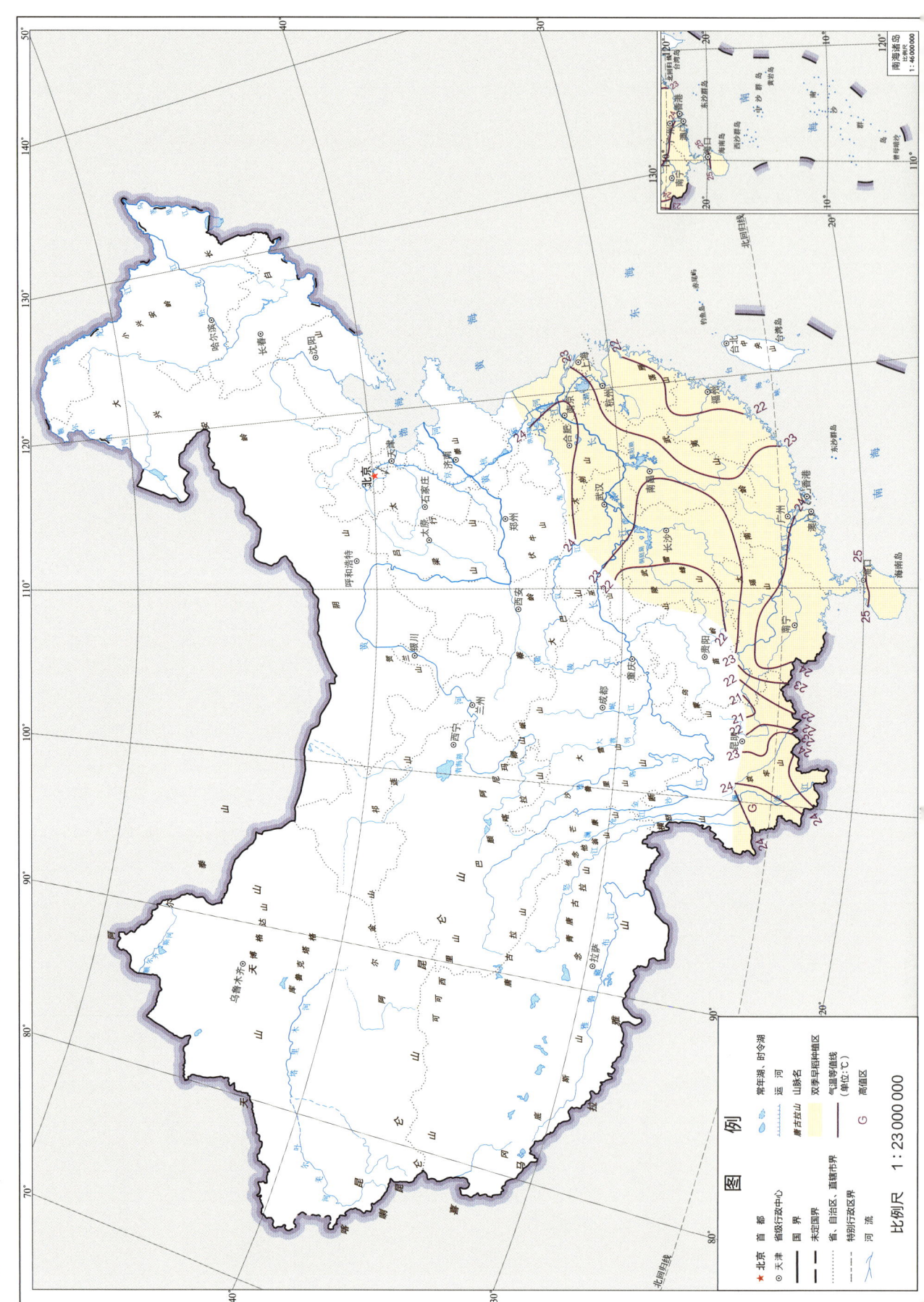

双季早稻播种期—成熟期最高气温

图 例

- ★ 北京 首都
- ◎ 天津 省级行政中心
- —— 国界
- --- 未定国界
- ······ 省、自治区、特别行政区界
- --- 特别行政区界
- ～ 河流
- 常年湖、时令湖
- 运河
- 雁荡山 山脉名
- 双季早稻种植区
- —— 气温等值线（单位：℃）
- G 高值区
- D 低值区

比例尺 1:23 000 000

1 双季早稻

双季早稻播种期—成熟期极端最低气温

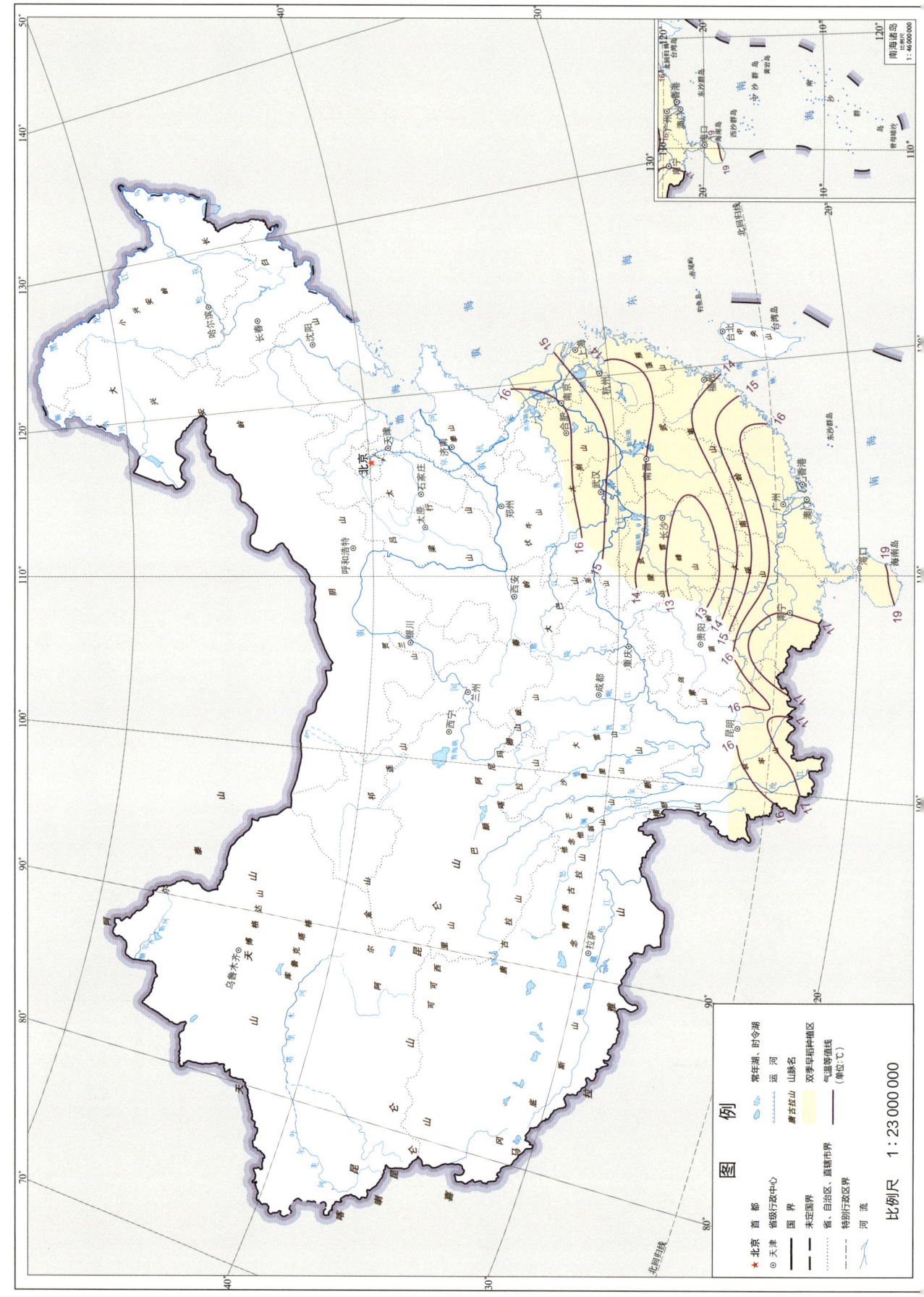

双季早稻播种期—成熟期光温生产潜力

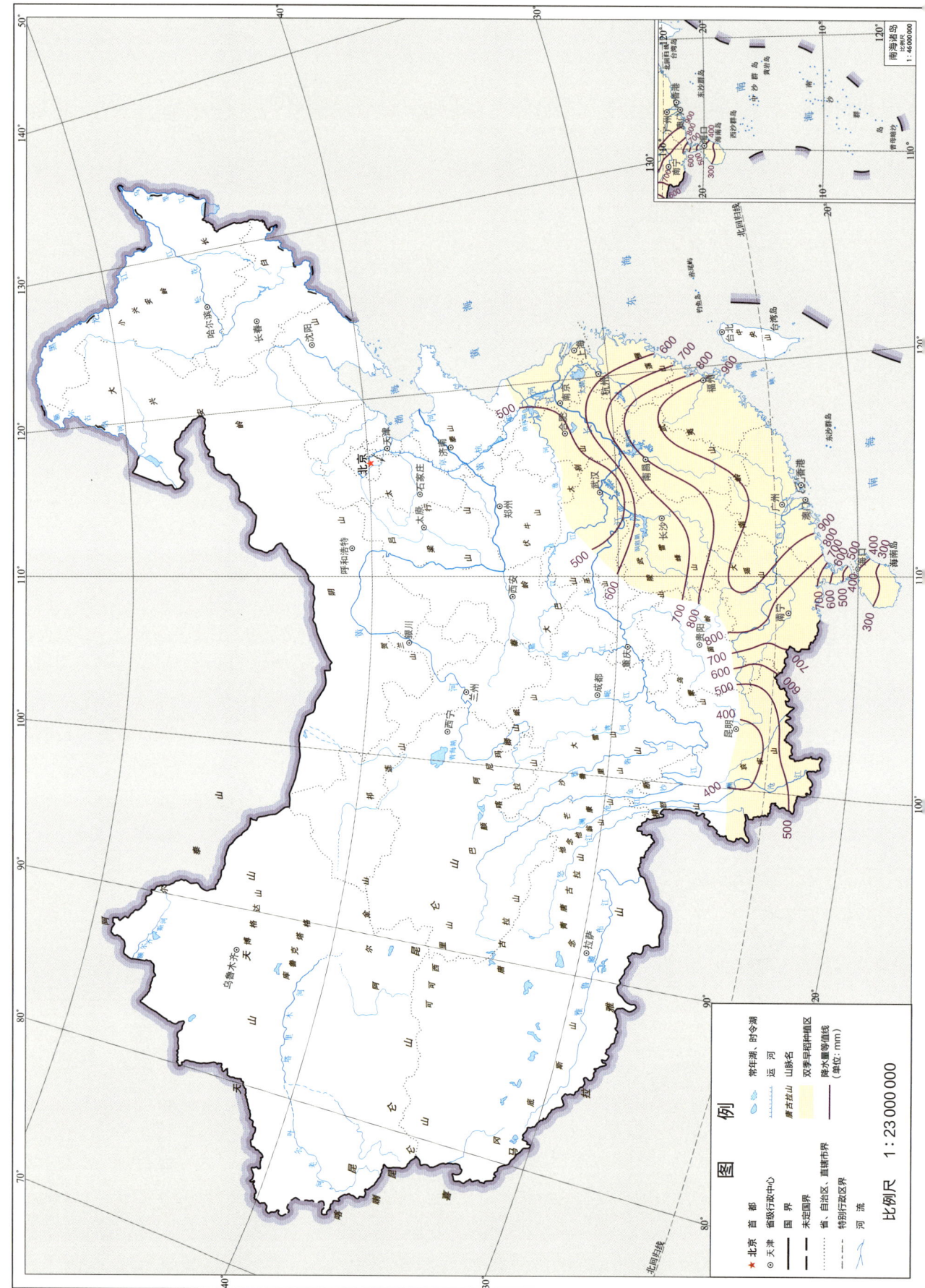

双季早稻 需热量供需状况

1 双季早稻

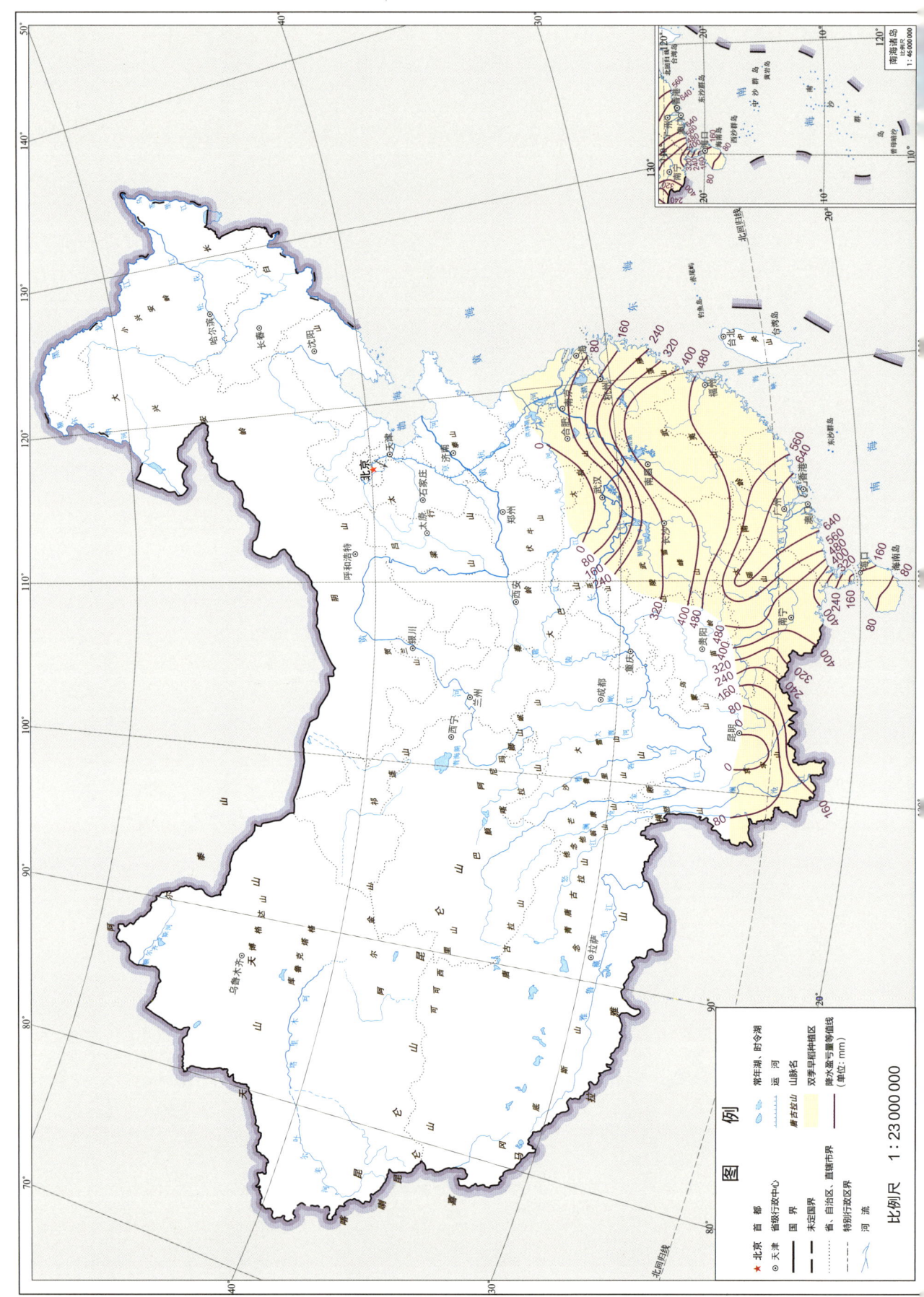

1 双季早稻

15%降水保证率双季早稻伴随期—成熟期降雨量

75%降水保证率双季早稻播种期—成熟期降水盈亏量

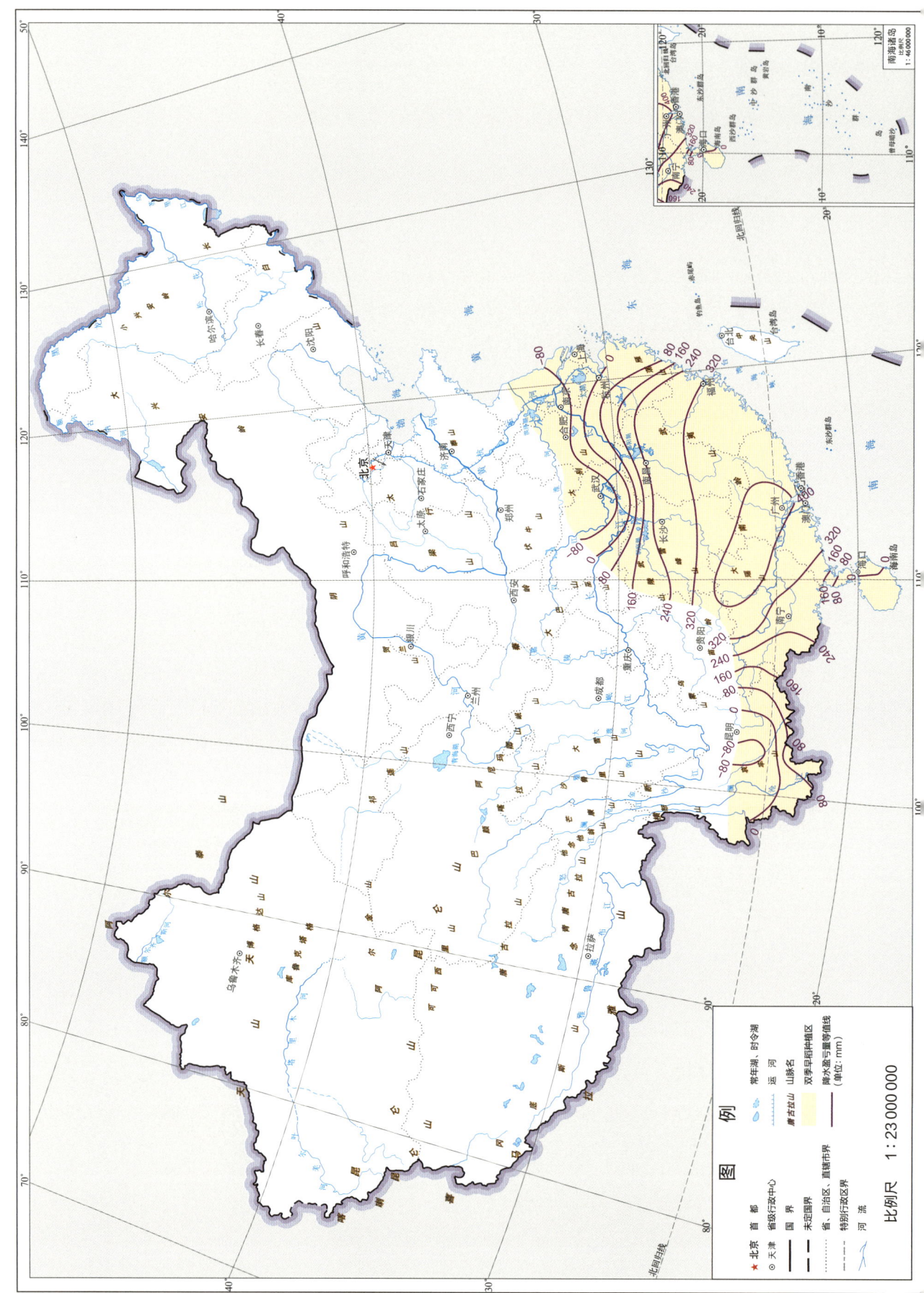

1.3 双季早稻各生育期水资源及灾害

1.3.1 双季早稻播种期—移栽期水资源及灾害

南方双季早稻产区主要包括西南一季稻区、长江流域稻作区和华南稻作区。21世纪10年代双季早稻播种期—移栽期日数为20~30 d，自北向南逐渐减少。

水分：双季早稻播种期—移栽期湖南、江西、浙江及福建地区降水量最高，累计180~210 mm，向北、向南逐渐降低。江苏、安徽南部及湖北降水量为90~120 mm，向北逐渐降低。福建—广东—广西一线降水量为60~120 mm，向南逐渐降低。种植区内云南双季早稻生育期降水量为30~60 mm，相对其他地区来说降水量比较匮乏。双季早稻生育期需水量由北向南逐渐降低。需水量最高的地区为湖北省，>80 mm，对应其降水量，水分供需基本平衡。需水量最低的地区为南部的海南省，为10 mm左右。降水盈亏量由西北向东逐渐升高，区域平均值为72.3 mm。湖南、江西、浙江及福建地区降水盈亏量最高，>120 mm，最高可达180 mm。江苏南部、安徽南部以及湖北双季早稻播种期—移栽期降水盈亏量为30~90 mm，向北逐渐减少。种植北界的江苏、安徽及湖北的部分地区，降水盈亏量为0 mm，水分供需基本平衡，无水分盈余。种植区总体水分供大于需，双季早稻播种期—移栽期生长期间，没有水分胁迫。

灾害：双季早稻育秧期为2月11日—4月20日，日平均气温≤12℃持续3~5 d，会影响早稻种子发芽、生长，致使秧苗生理机能失调并诱发病害，最终导致烂秧死苗，形成早稻育秧期轻度低温阴雨灾害。除云南省景洪以西地区未见发生外，该灾害在全区域绝大部分地区均有发生，发生频率由南向北逐渐提高。1981—2010年30年间，除云南中西部、广东、广西及其以南地区、福建南部外，该灾害在绝大部分地区的发生频率＞83%。云南省西南部发生的频率最高是6年一遇。

双季早稻育秧期间，当持续6～9 d日平均气温≤12℃，会影响早稻种子发芽、生长，致使秧苗生理机能失调并诱发病害，最终导致烂秧死苗，形成早稻育秧期中度低温阴雨灾害。除云南省境内澜沧江下游的普洱、景洪及其以西地区未见发生外，该灾害在全区域绝大部分地区均有发生，发生频率由南向北提高。1981—2010年30年间，除云南大部、贵州南部、广东、广西及其以南地区、福建中南部外，该灾害绝大部分地区发生的频率＞83%。云南省西南部最高是6年一遇。

双季早稻育秧期间，持续10 d或10 d以上日平均气温≤12℃，早稻种子发芽、生长会受影响，致使秧苗生理机能失调并诱发病害，最终导致烂秧死苗，形成早稻育秧期重度低温阴雨灾害。该灾害在全区域绝大部分地区均有发生，发生频率由南向北逐渐提高。1981—2010年30年间，该灾害在云南西南部、广东、广西的南部、福建西部、海南省发生频率较低，其余大部分地区随着纬度的增加发生频率逐渐提高；长江、淮河流域大部分地区发生的频率＞83%。

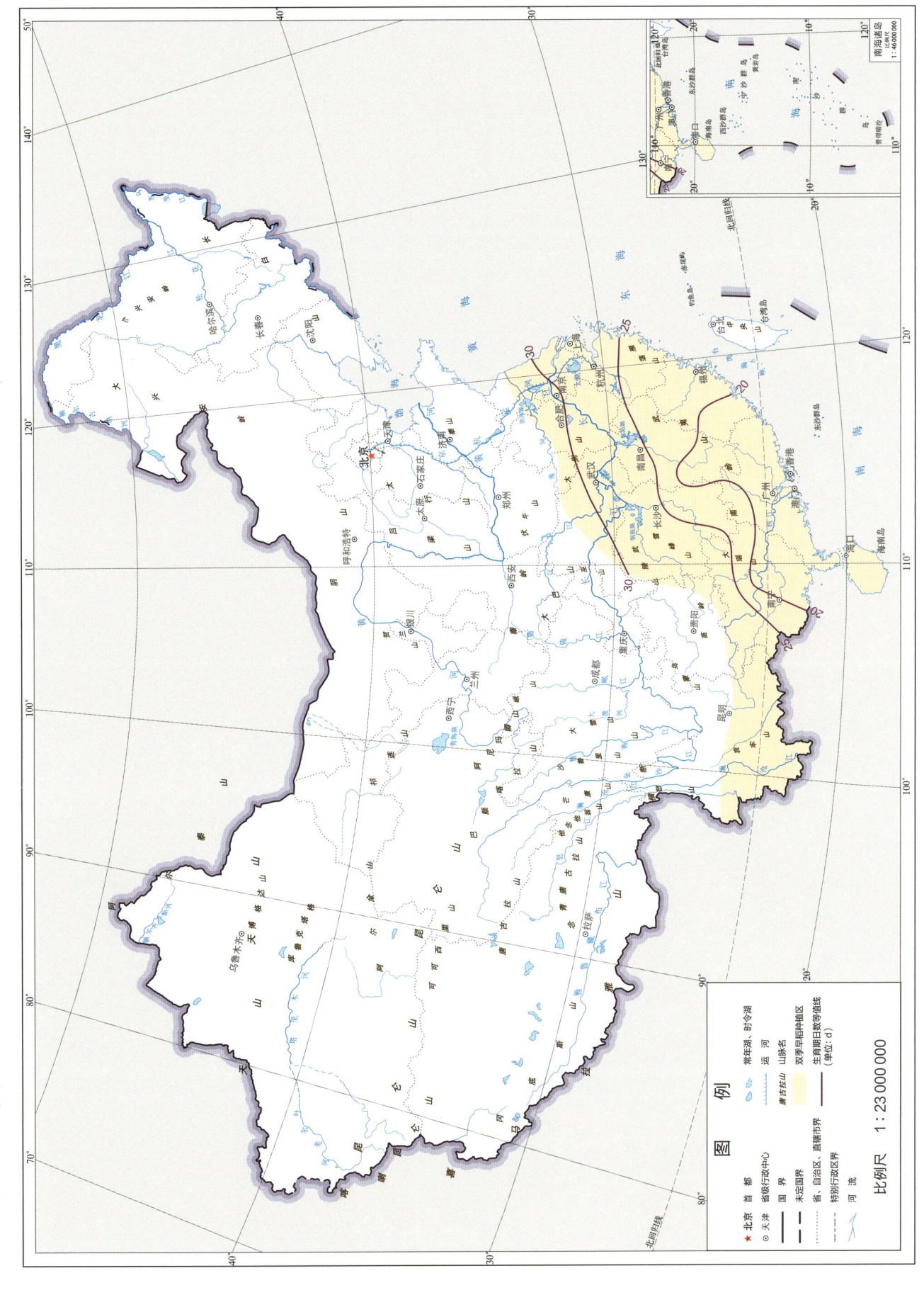

1 双季早稻

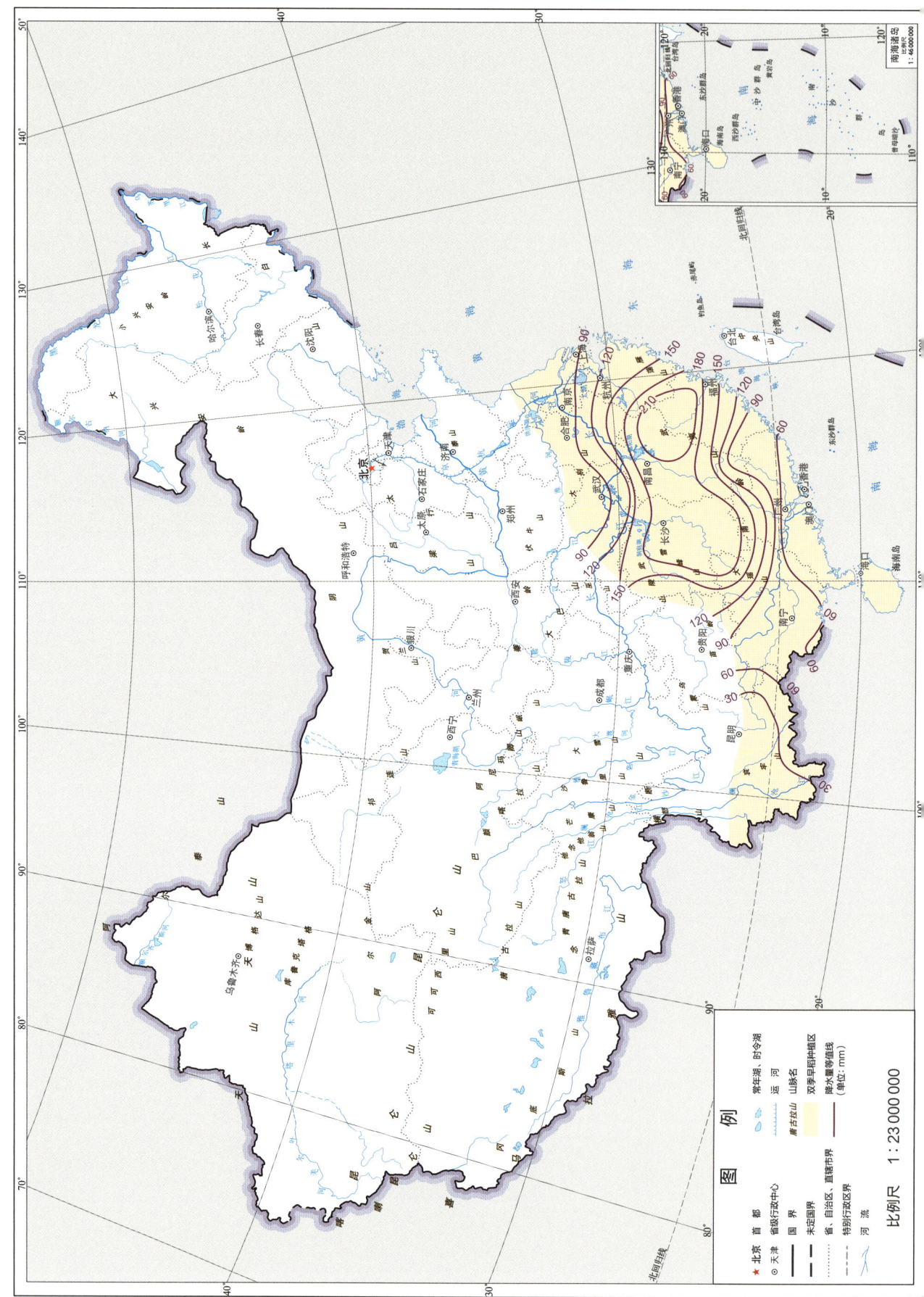

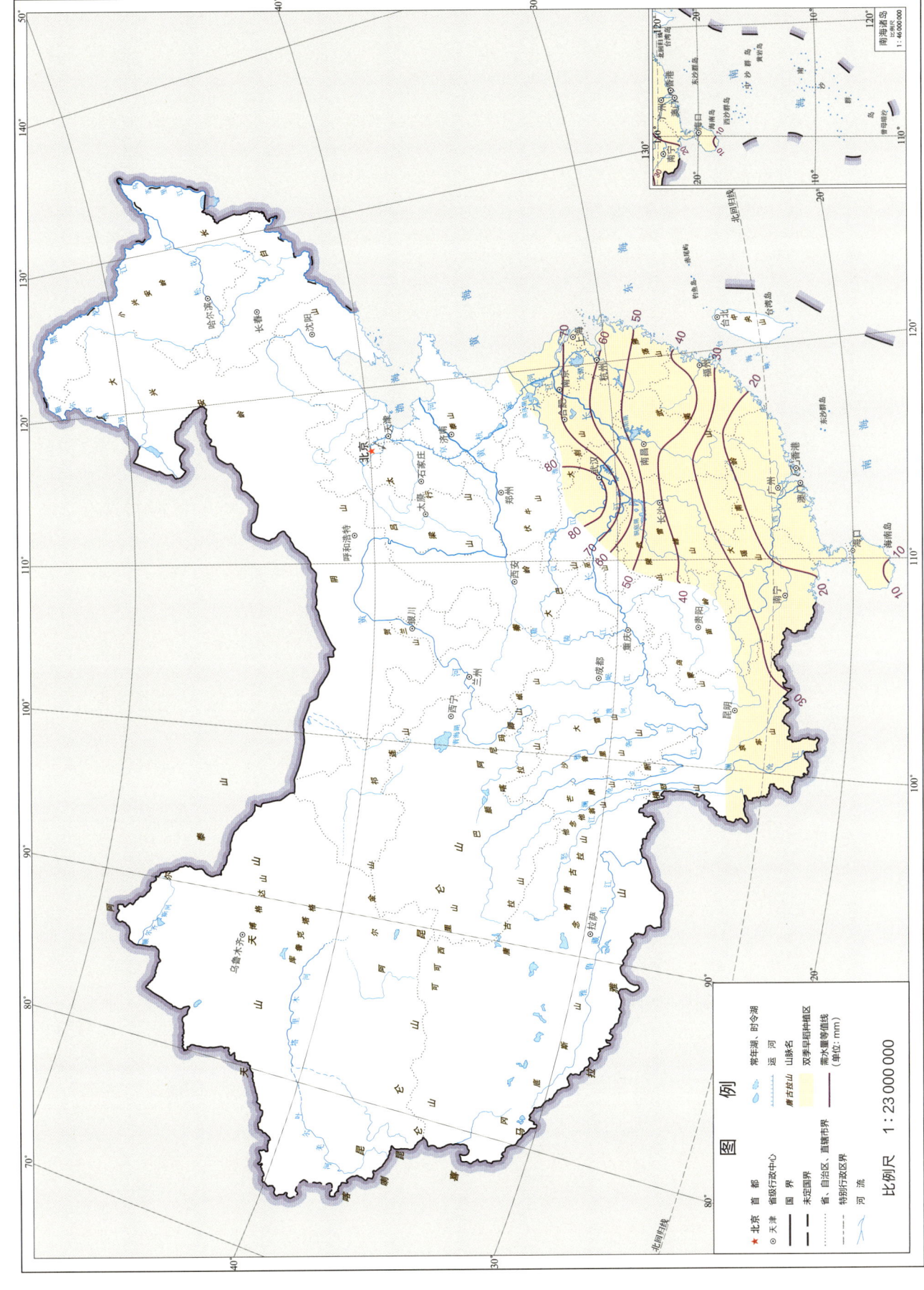

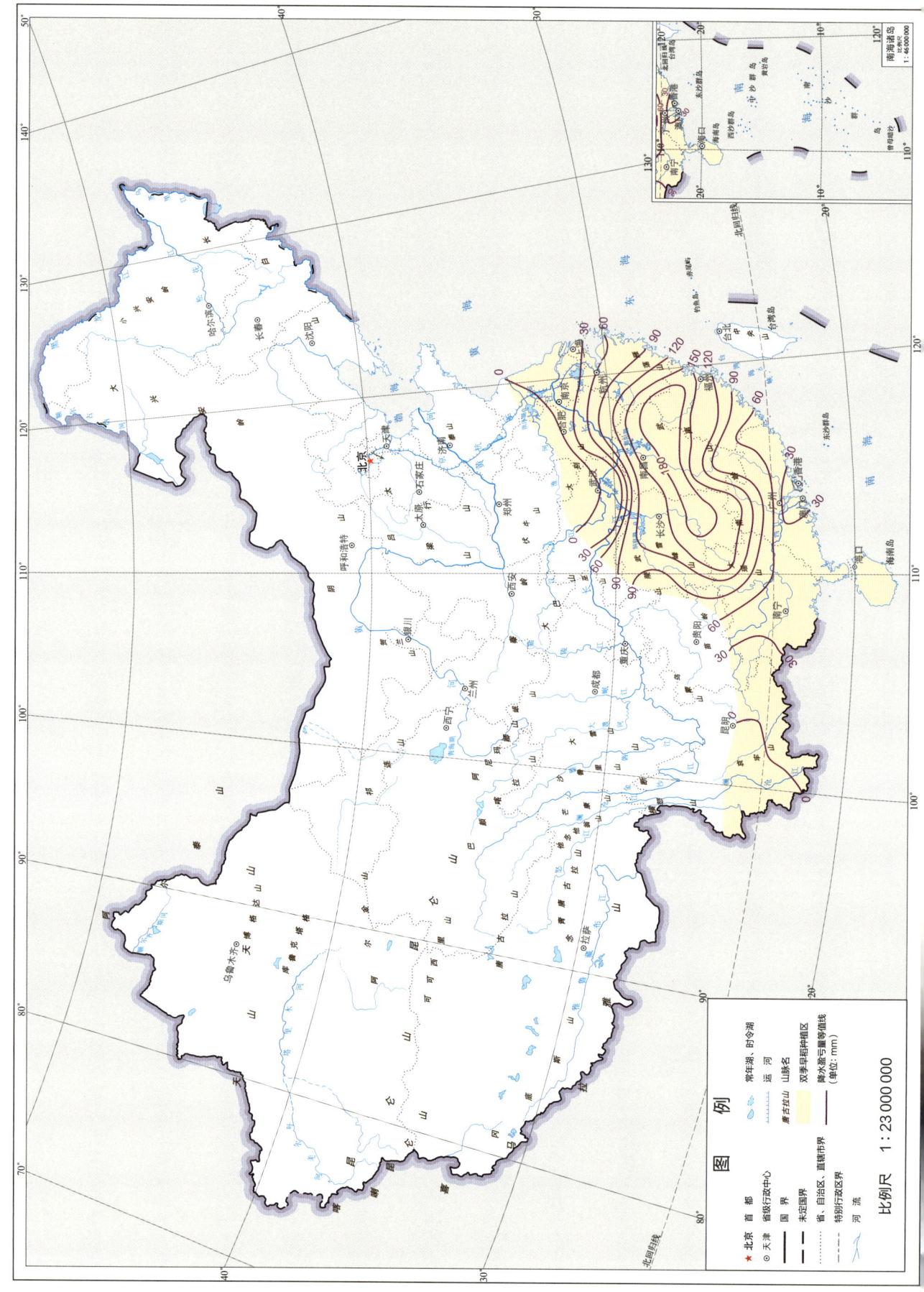

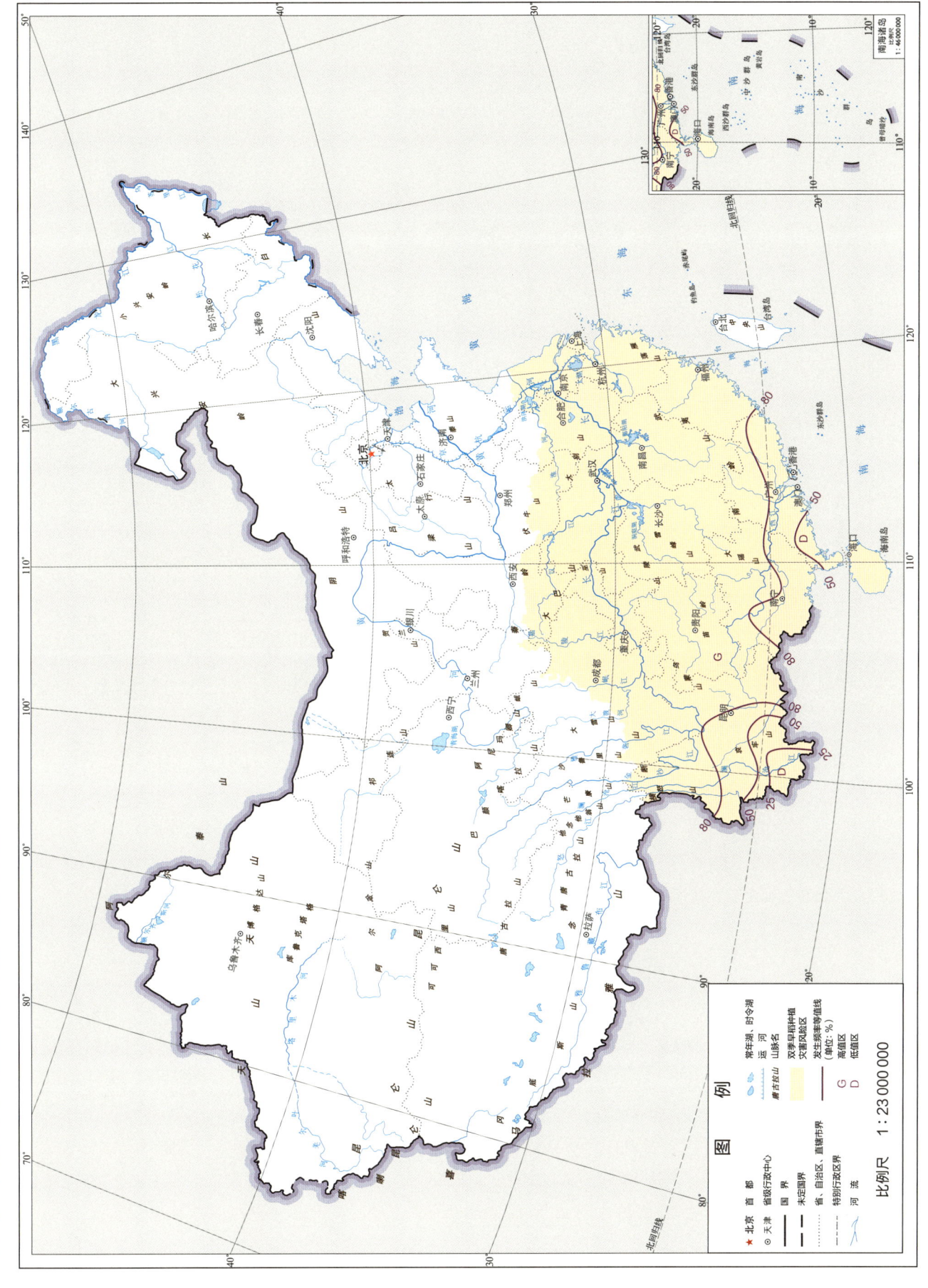

双季早稻育秧期中度低温阴雨发生频率

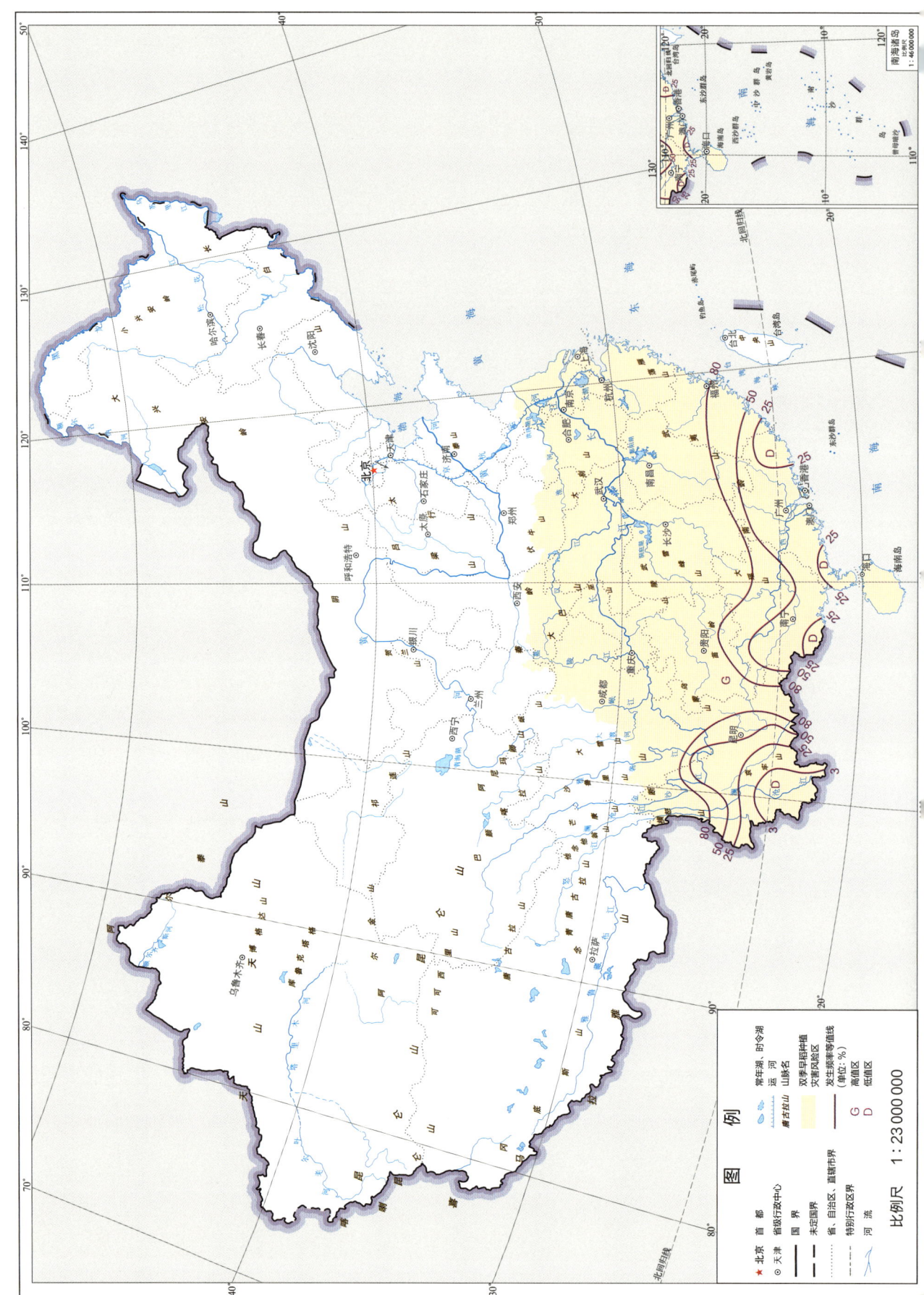

双季早稻育秧期重度低温阴雨发生频率

图例

- ★ 北京 首都
- ◎ 天津 省级行政中心
- —— 国界
- - - - 未定国界
- ······ 省、自治区、直辖市界
- - - - 特别行政区界
- 河流
- 常年湖、时令湖
- 运河
- 濒古故山 山脉名
- 双季早稻种植灾害风险区
- —— 发生频率等值线（单位：%）
- G 高值区
- D 低值区

比例尺　1:23 000 000

南海诸岛　1:46 000 000

1 双季早稻

1.3.2 双季早稻移栽期—拔节期水资源及灾害

21世纪10年代双季早稻移栽期—拔节期日数为25~30 d，其中种植区的北方跟南方较长，为30 d，北纬25°至北纬30°范围内较短，为25 d左右。

水分：双季早稻移栽期—拔节期种植范围内，广东和广西的北部地区降水量最高，向北、向西逐渐降低。广东和广西的北部地区双季早稻移栽期—拔节期降水量＞280 mm，最高可达320 mm，降水非常充沛。福建、江西以及湖南地区降水量略有减少，一般为200~240 mm。江苏、安徽以及湖北双季早稻移栽期—拔节期降水量为160~200 mm。云南降水量为80~120 mm，相对较少。需水量由西北向东南沿海逐渐降低。种植区北部安徽和江苏的需水量最多，＞150 mm；福建需水量最少，在60 mm左右降水盈亏量由西北向东南逐渐增高，区域平均值为98.7 mm；广东和广西的北部地区降水盈亏量最高，＞200 mm，最高可达240 mm，水分充足。福建、江西以及湖南地区降水盈亏量略有减少，为80~120 mm。云南降水盈亏量为-40~40 mm，其中西部地区水分亏缺40 mm左右，东部地区水分略有盈余，可以满足双季早稻生长需要，尽管全生育期大部分地区水分略有盈余，但季节性干旱仍然存在，需要补充灌溉。

灾害：5月，南方双季早稻正处于分蘖期至幼穗分化期。持续5~6 d日平均气温为18~20 ℃，会导致早稻分蘖缓慢或"僵苗"，幼穗分化受阻，空壳率提高，形成早稻轻度5月低温灾害。云南的东部和西北部为该灾害的高发区域。1981—2010年30年间，该灾害在云南南部、广西东部、广东西部及海南省未发生，云南的东部和西北部超过6年一遇，其余大部分地区均低于10年一遇或20年一遇。

5月，持续7~9 d日平均气温为18~20 ℃，会导致早稻分蘖缓慢或"僵苗"，幼穗分化受阻，空壳率提高，形成早稻中度5月低温灾害。云南西北部为该灾害高发区域。1981—2010年30年间，云南西北部超过6年一遇，其余长江中上游地区均6~30年一遇，河南南部、湖北东部、江西、浙江南部、福建、广东、广西、贵州南部未见发生。

5月，持续10 d或10 d以上日平均气温为18~20 ℃，会导致早稻分蘖缓慢或"僵苗"，幼穗分化受阻，空壳率提高，形成早稻重度5月低温灾害。该灾害发生频率低，范围小，云南西北部为高发区域。1981—2010年30年间，该灾害在云南西北部的怒江下游西岸地区超过6年一遇，大巴山以东、以北地区低于30年一遇，其余南方大部分地区均未见发生。

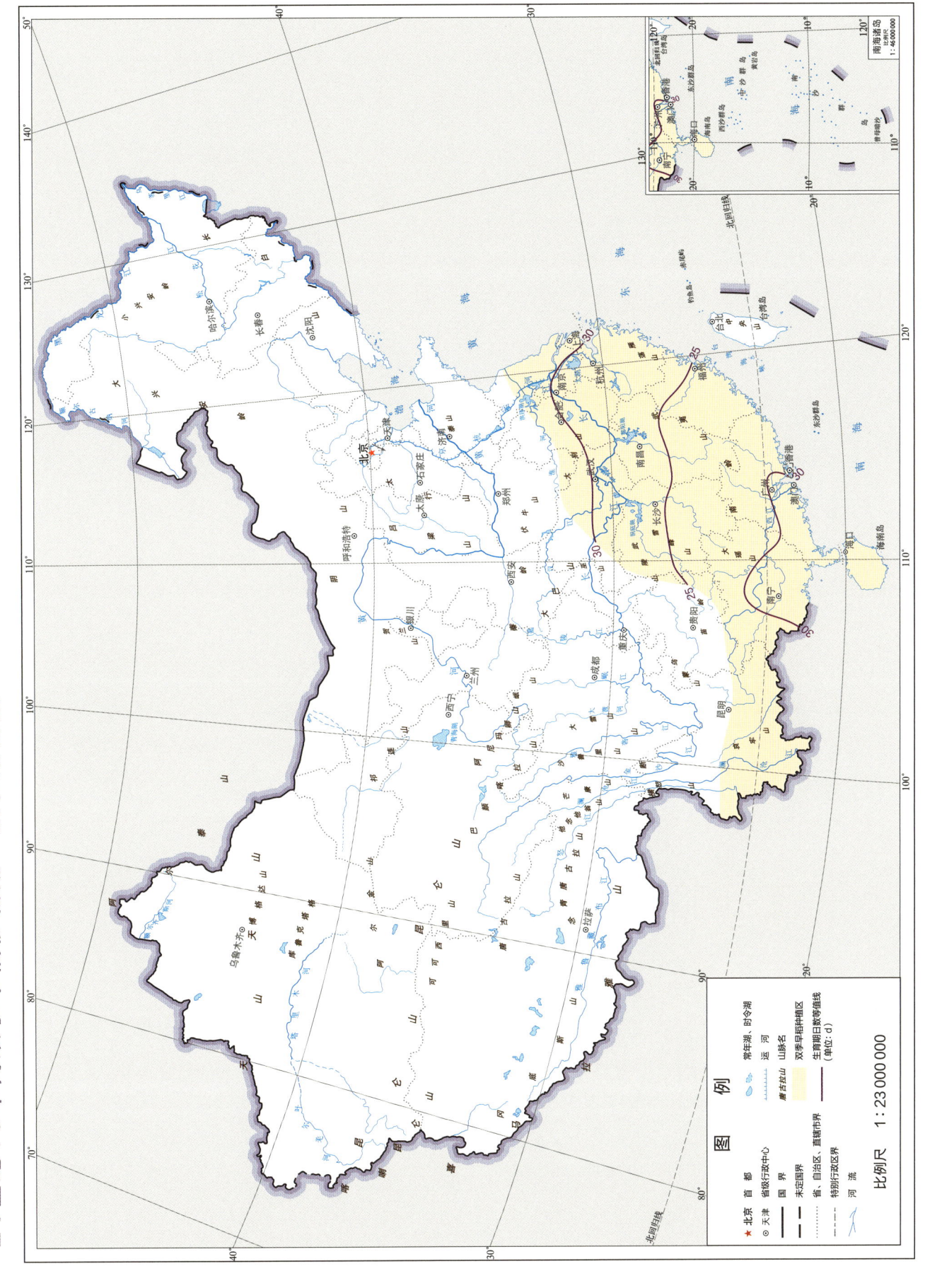

双季早稻移栽期—拔节期降水量

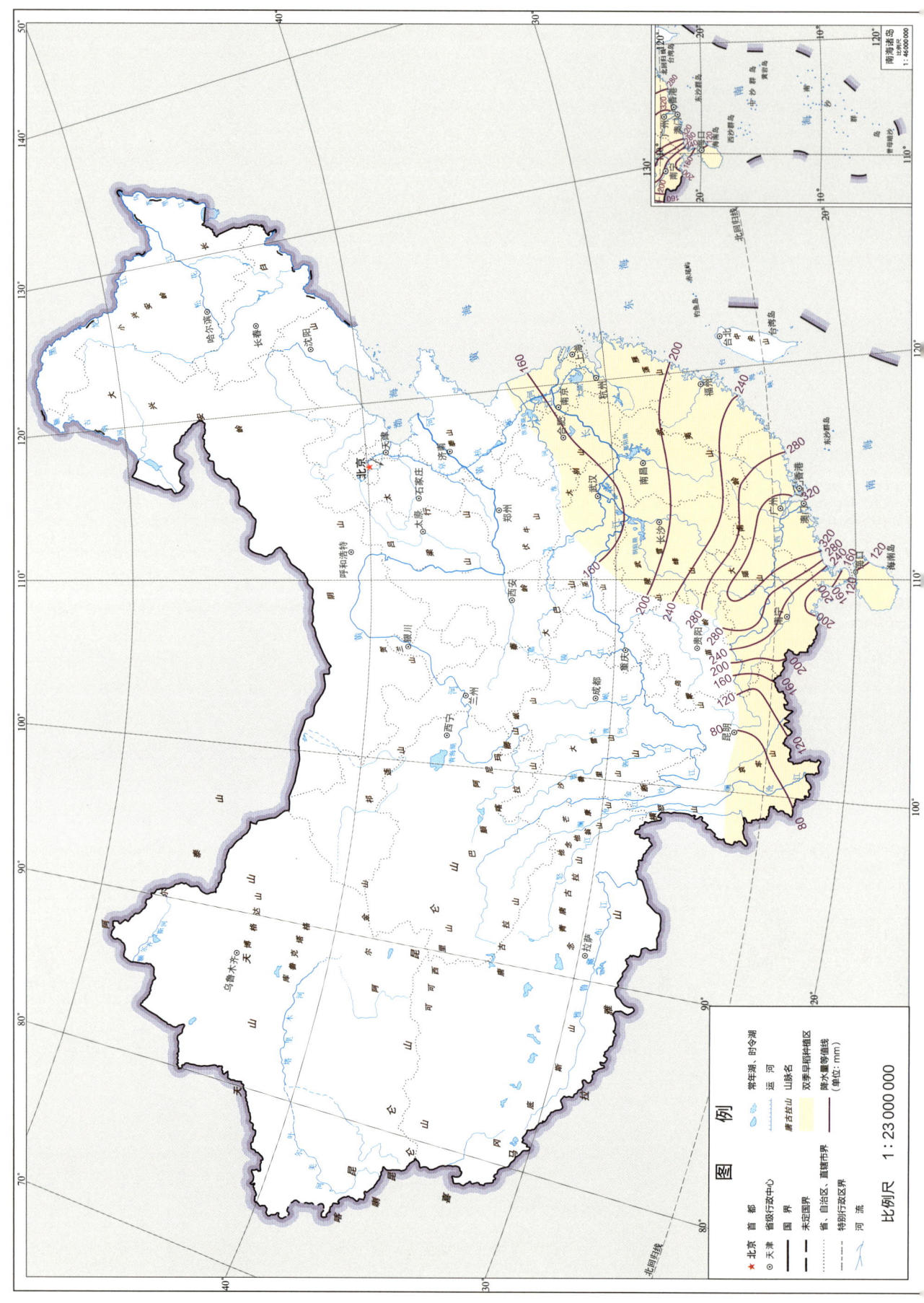

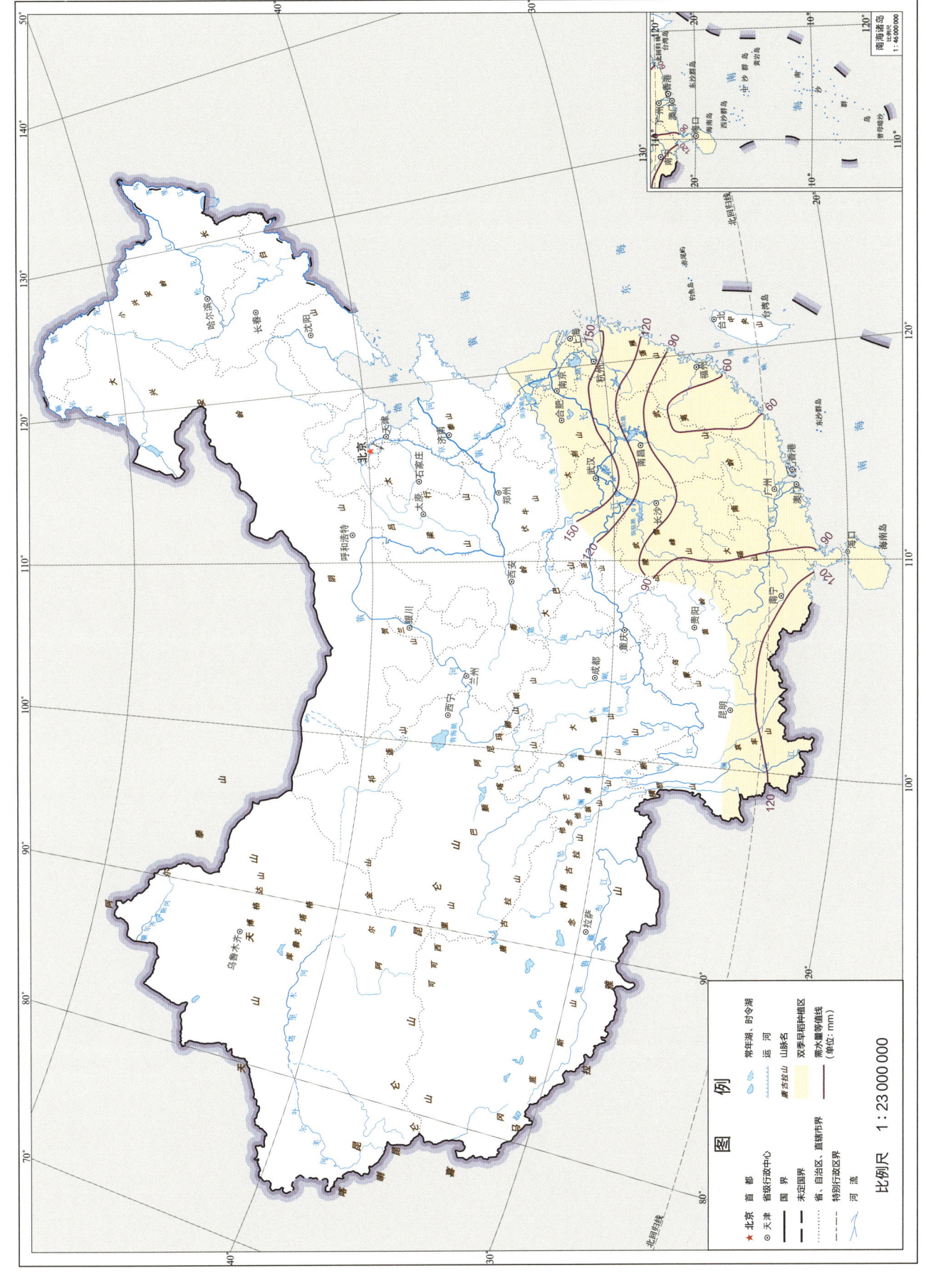

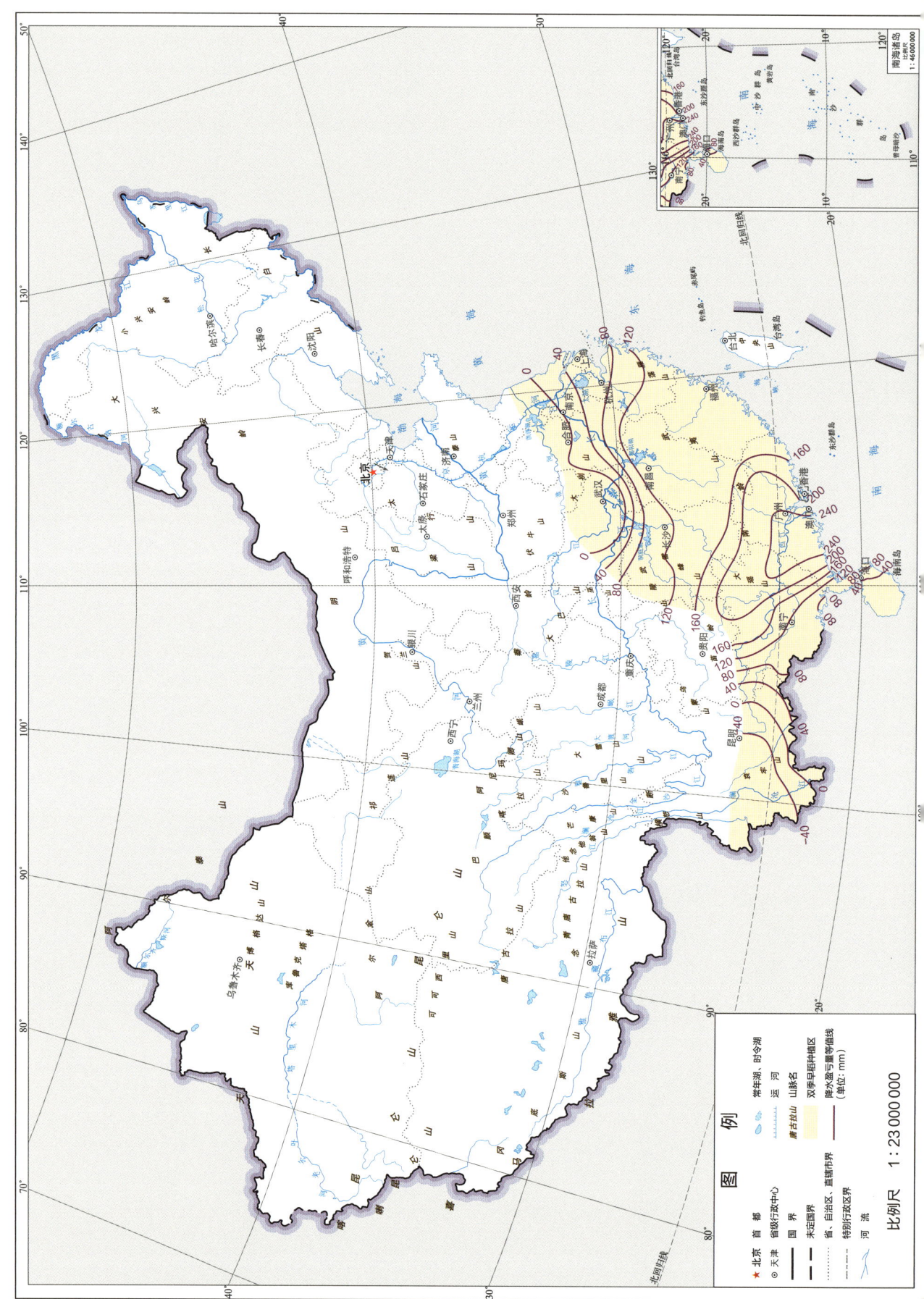

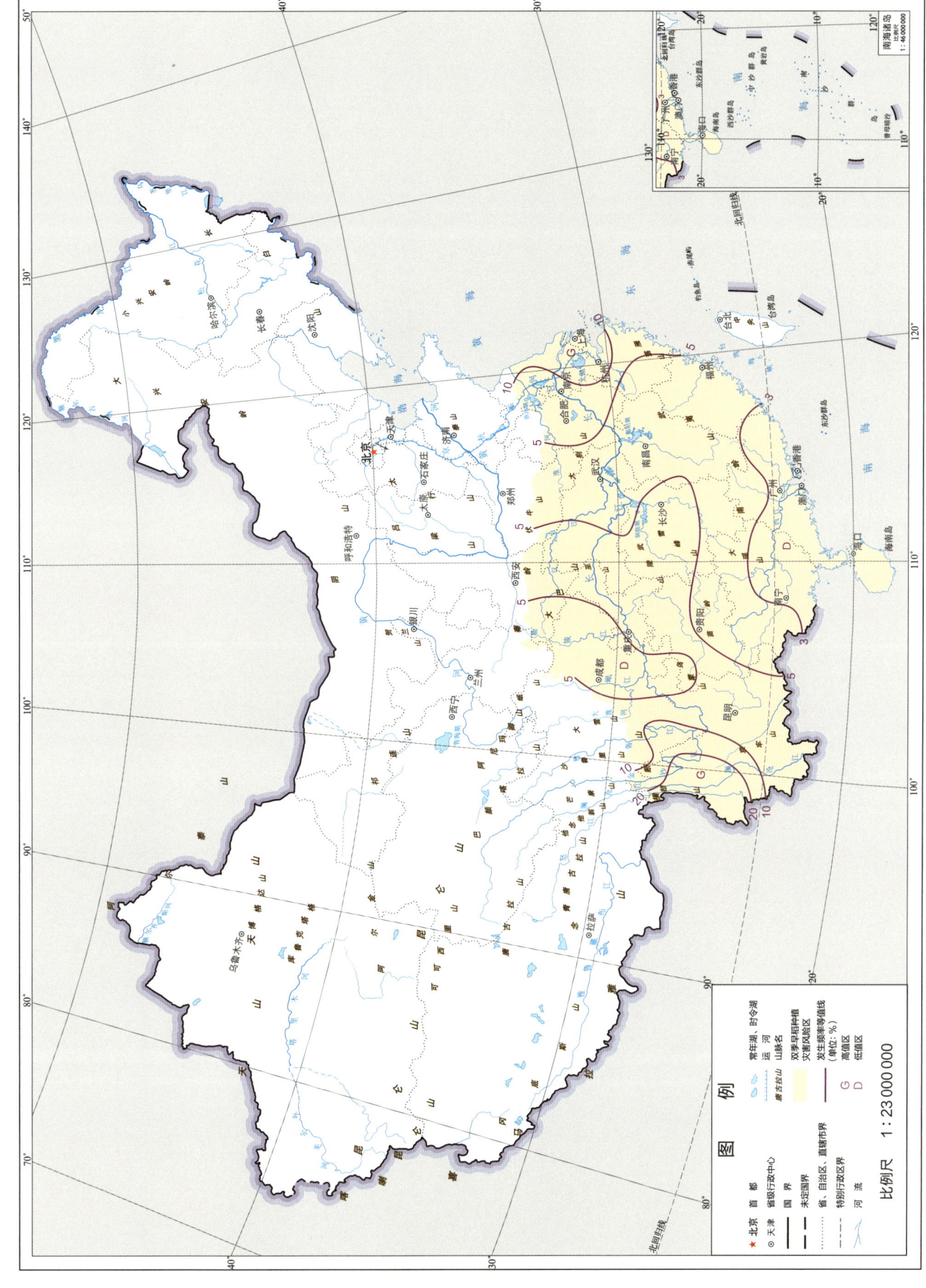

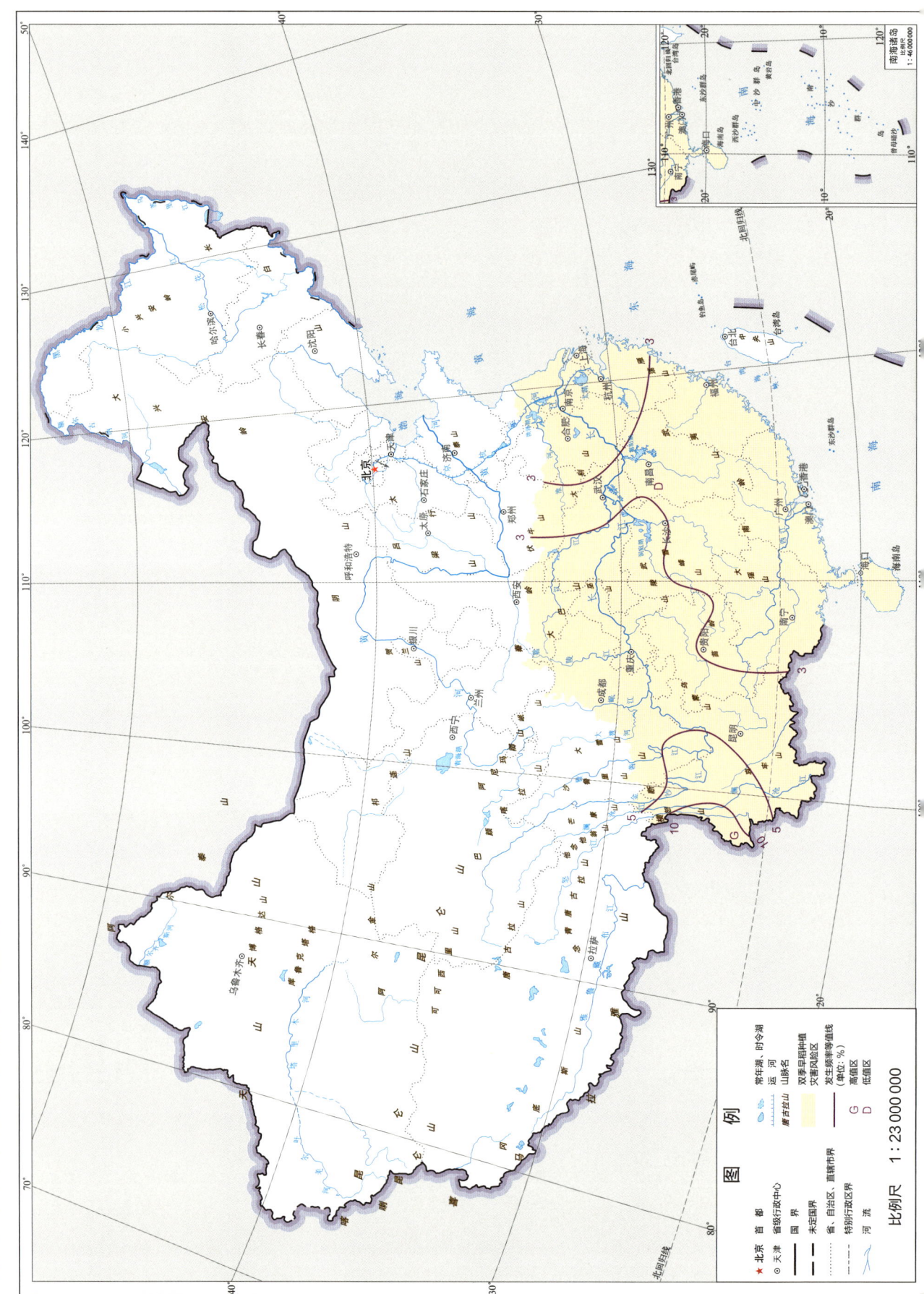

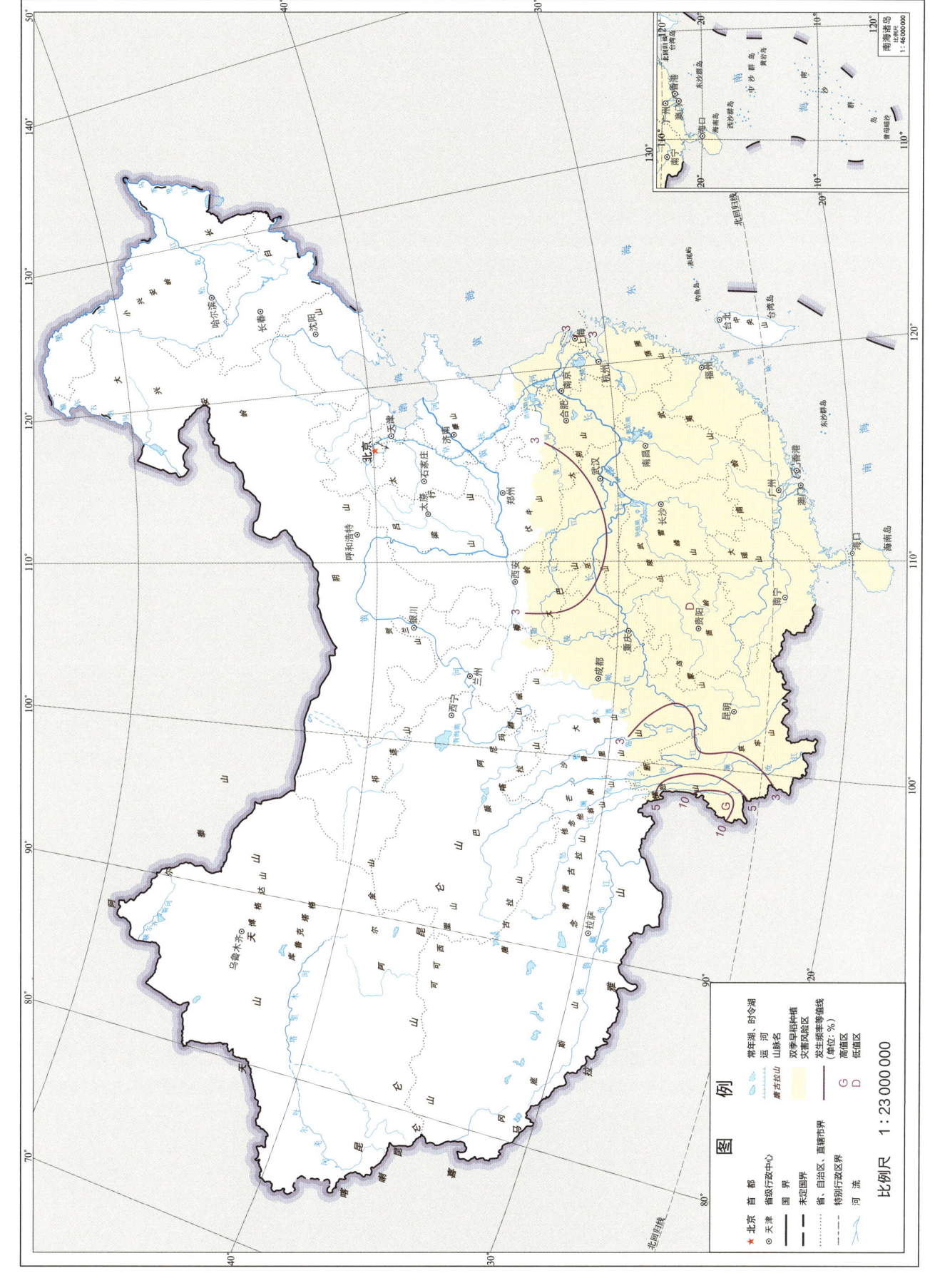

1.3.3 双季早稻拔节期—开花期水资源及灾害

21世纪10年代双季早稻拔节期—开花期日数为25～30 d，其中种植区的北边界和南边界较短，为25 d，北纬25°至北纬30°范围内较长，为30 d左右。

水分：双季早稻拔节期—开花期期间，广西北部以及浙江、福建、江西三省的交界处降水量最高。广西北部地区双季早稻拔节期—开花期降水量＞240 mm，最高可达270 mm。浙江、福建和江西三省的交界处降水量＞240 mm，最高可达300 mm，降水较为充足。湖北和湖南两省降水量为150～210 mm，云南地区降水量在150 mm左右，相对较低。双季早稻拔节期—开花期需水量由西北向东南沿海逐渐降低。安徽、湖北和云南省需水量最高，＞120 mm；浙江和福建交界处和海南南部地区需水量最低，为60 mm左右。降水盈亏量由西北向东南逐渐增加，区域平均为99.8 mm。广西北部地区以及浙江、福建、江西三省的交界处的降水盈亏量最多，＞180 mm，降水较为充足。江苏、安徽降水盈亏量为60～90 mm。云南地区降水盈亏量为0～60 mm，可以满足水稻生育期的水量需求。

灾害：双季早稻抽穗开花期主要在每年的6月1日—6月30日，持续3 d最高气温≥35℃，水稻花粉发育和授粉会受影响，增加空秕率，最终导致减产，形成早稻抽穗开花期高温灾害。十堰以北的湖北、陕西、河南交界处为该灾害的北部高发区，发生频率向南、向东、向西逐渐降低；广东省和福建省大部为该灾害南部高发区，发生频率向北、向东、向西逐渐降低。1981—2010年30年间，该灾害在十堰以北和粤闽高发区内发生频率＞33%。其余大部分地区的发生频率低于5年一遇，云贵川和江苏东部，低于10年一遇。在土地大规模流转的情况下，水稻种植逐步由家庭种植向商品化生产转变，后者对灾害更为敏感，需要选用耐高温品种，通过播期调节，避开高温期。出现高温热害时，田间务必满灌，以提高冠层高度空气湿度，减轻高温热害危害程度。

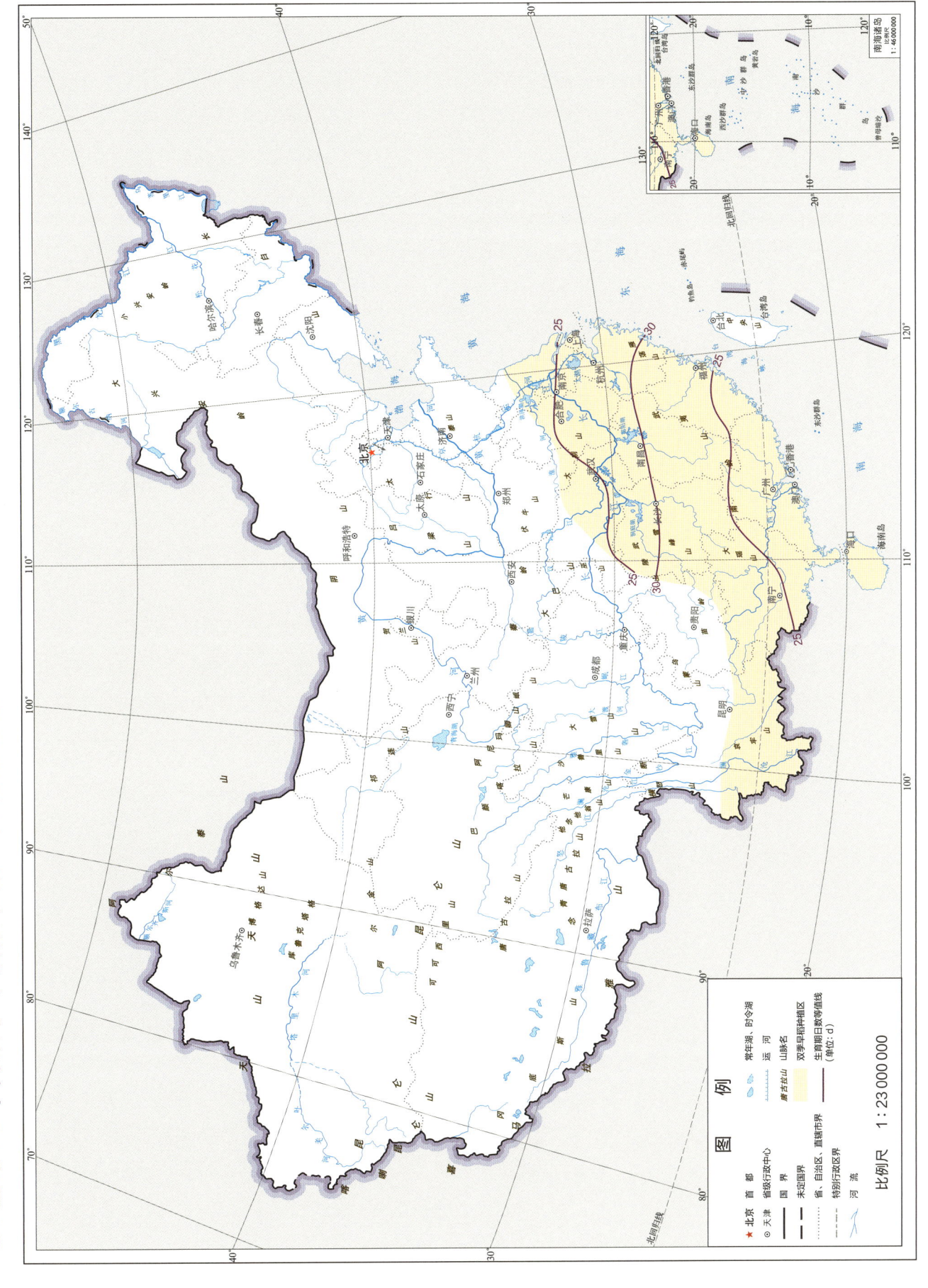

1 双季早稻

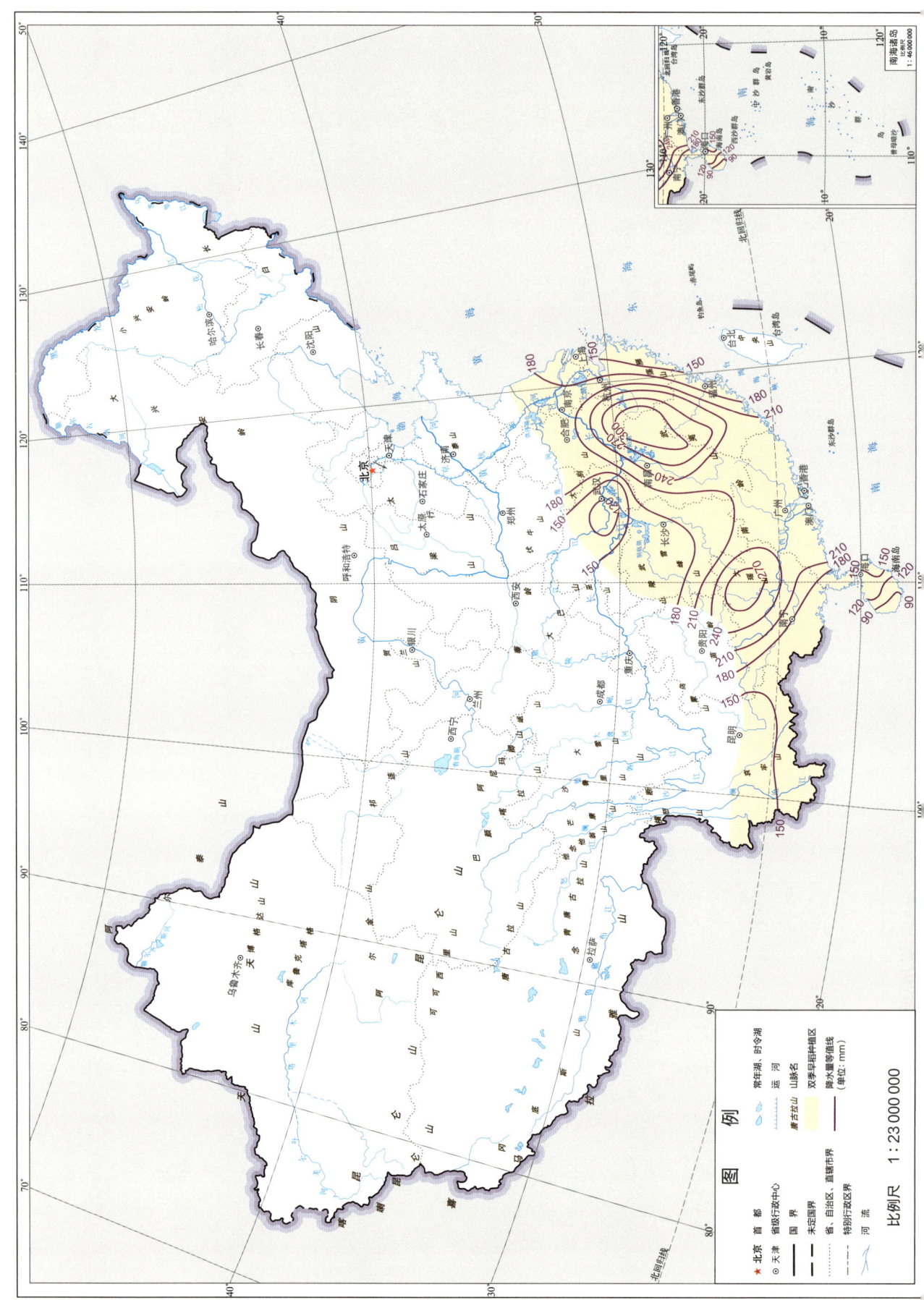

双季早稻拔节期—开花期降水量

双季早稻拔节期—抽花期需水量

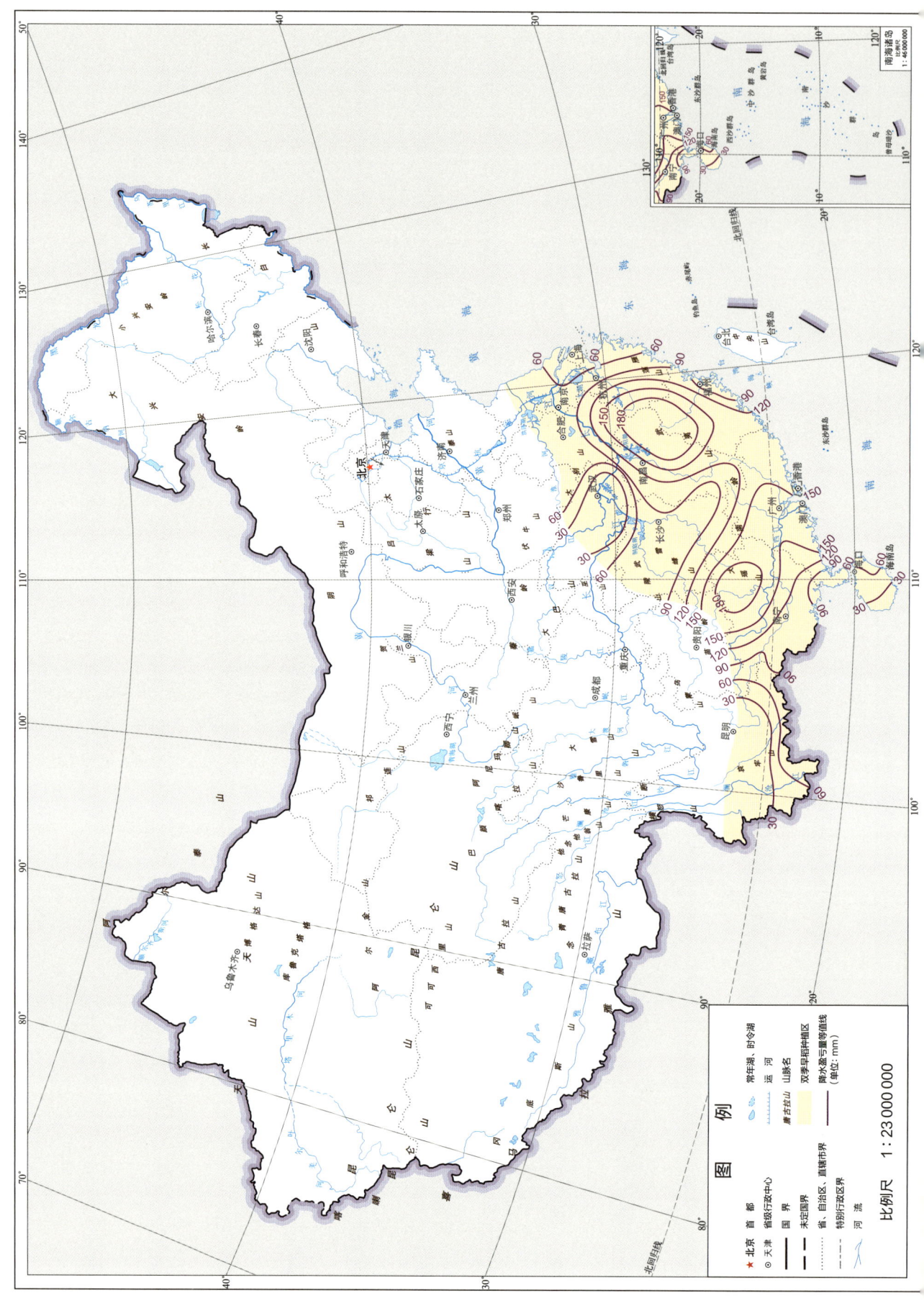

双季早稻油菜扬花期高温灾害频率

图例

- ★ 北京 首都
- ◎ 天津 省级行政中心
- —— 国界
- — · — 未定国界
- ········ 省、自治区、直辖市界
- ⌐⌐⌐ 特别行政区界
- ～ 河流
- ⌬ 常年湖、时令湖
- ═ 运河
- 庐山 山脉名
- (黄色区域) 双季早稻种植灾害风险区
- —— 发生频率等值线（单位：%）
- G 高值区
- D 低值区

比例尺 1:23 000 000

1 双季早稻

1.3.4 双季早稻开花期—成熟期水资源及灾害

21世纪10年代双季早稻开花期—成熟期日数为20～30 d，自北向南逐渐增加。

水分：双季早稻开花期—成熟期降水量由西北向东南沿海逐渐升高。北部地区双季早稻开花期—成熟期内降水量为80～160 mm。江西和湖南的南部地区降水量为200 mm左右。福建—广东—广西一带降水量＞240 mm，最高可达360 mm，是降水量最充沛的地区，云南降水量为200 mm左右。需水量由西北向东南沿海逐渐升高。江西需水量最多，＞150 mm；海南需水量最少，为60 mm左右。降水盈亏量由西向东南沿海逐渐增加，区域平均降水盈亏量为59.4 mm，福建—广东—广西一带降水盈亏量最高，为210 mm。江苏、安徽的降水盈亏量为60～90 mm。云南地区降水盈亏量为0～60 mm，基本满足水稻生育期需水要求。江苏、安徽和湖北等地早稻开花期—成熟期降水略有不足，降水盈亏量在30 mm左右。云南地区双季早稻开花期—成熟期降水盈亏量由南向北逐渐减少。

灾害：双季早稻灌浆结实期主要在每年的7月1日—7月31日，当日平均气温≥30 ℃时，会导致灌浆结实期缩短、成熟期提前，影响早稻产量和品质，形成早稻灌浆结实期高温灾害。该灾害发生范围广，频率高，东部省份的早稻区为高发区，由东向西发生频率逐渐降低。1981—2010年30年间，该灾害发生频率＞83％的地区的面积占早稻区一半以上，包括陕西汉中以东、河南南部、安徽南部、江苏大部、浙江、湖北、湖南、江西、福建、广东、广西东部等地；云贵高原高于6年一遇，其中云南东南部和西部未见发生，由西到东发生频率逐渐增加。

21世纪10年代双季早稻抽化期—成熟期日数

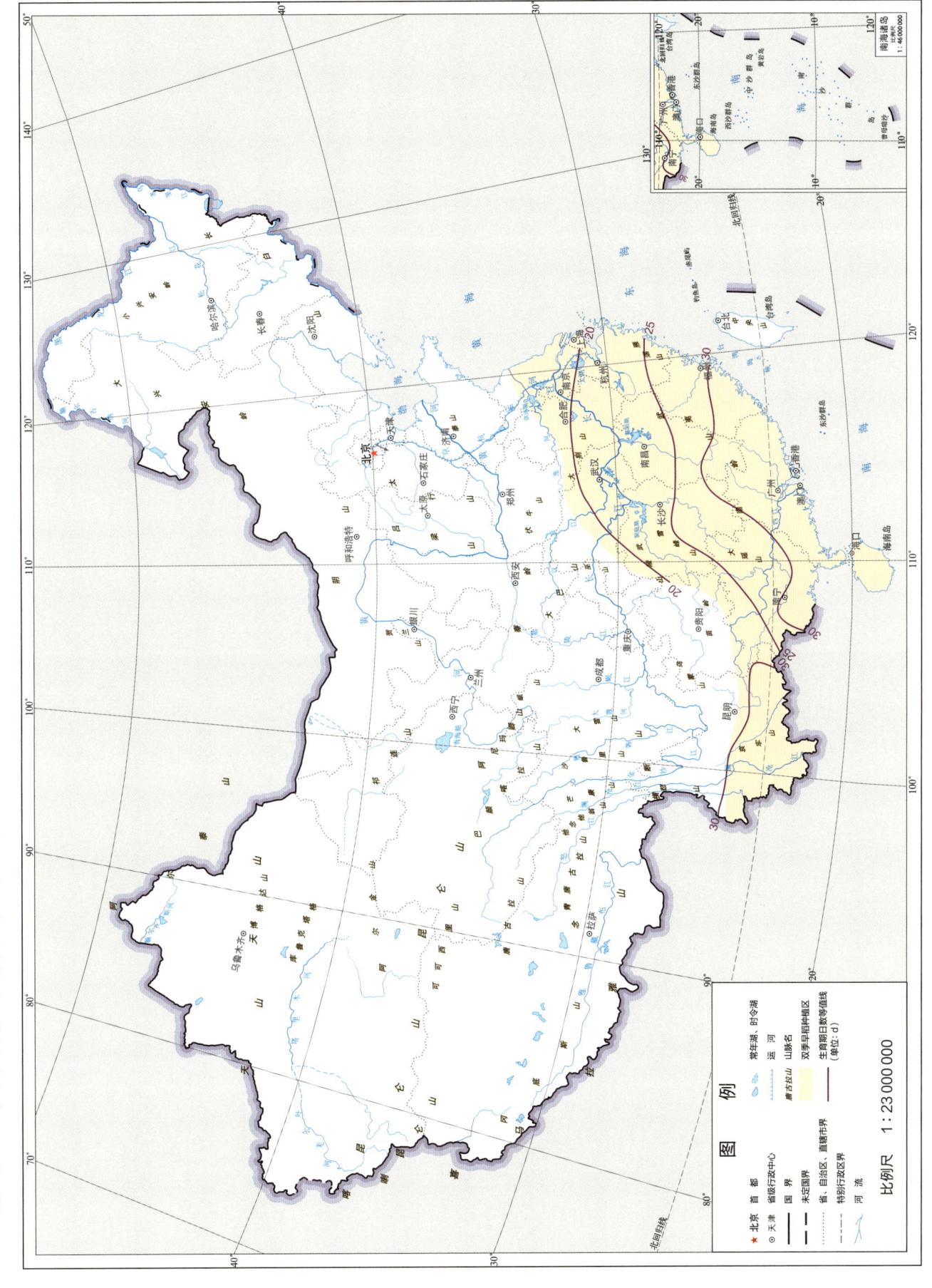

1 双季早稻

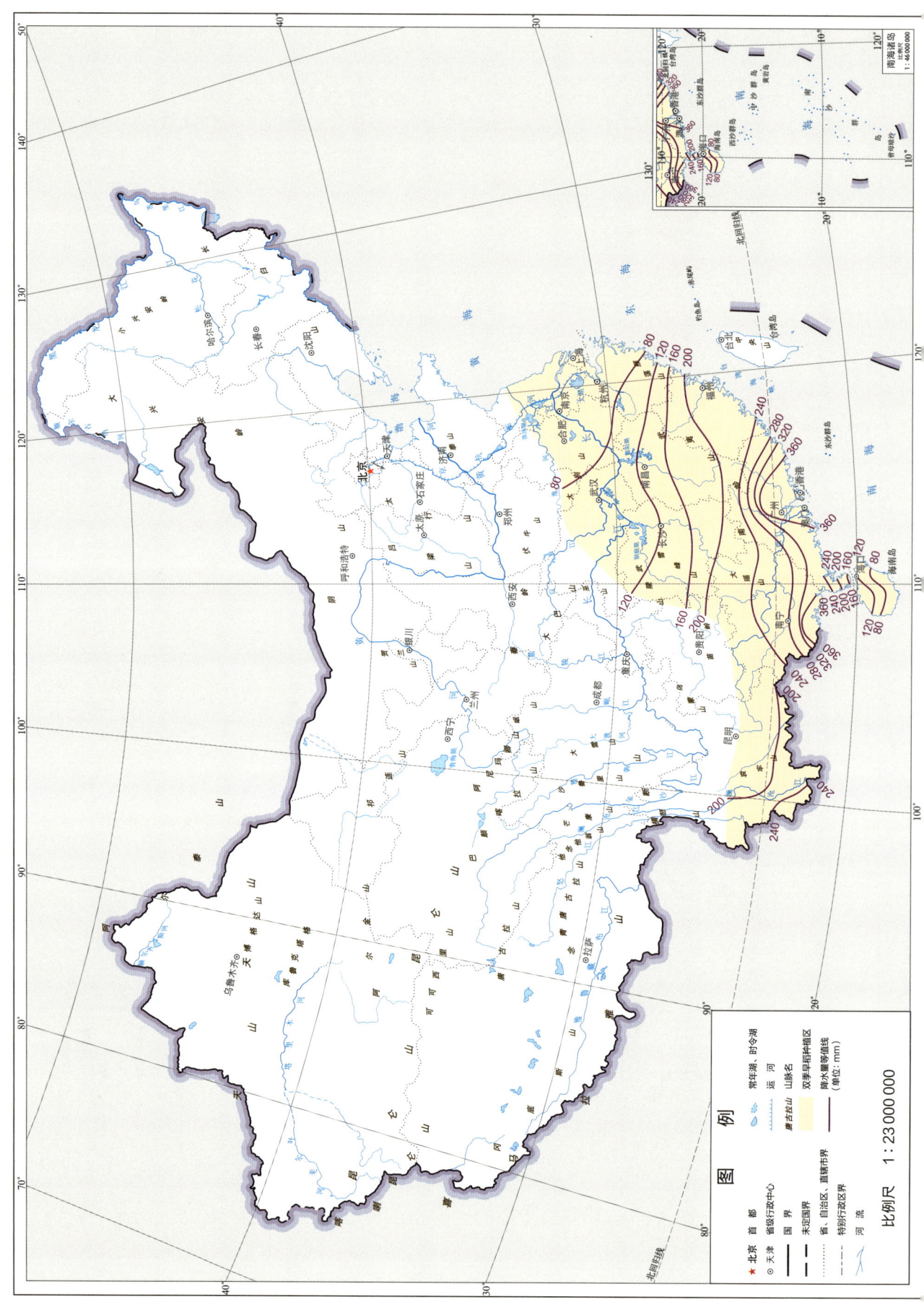

双季早稻开花期—成熟期降水量

双季早稻升化期—成熟期需水量

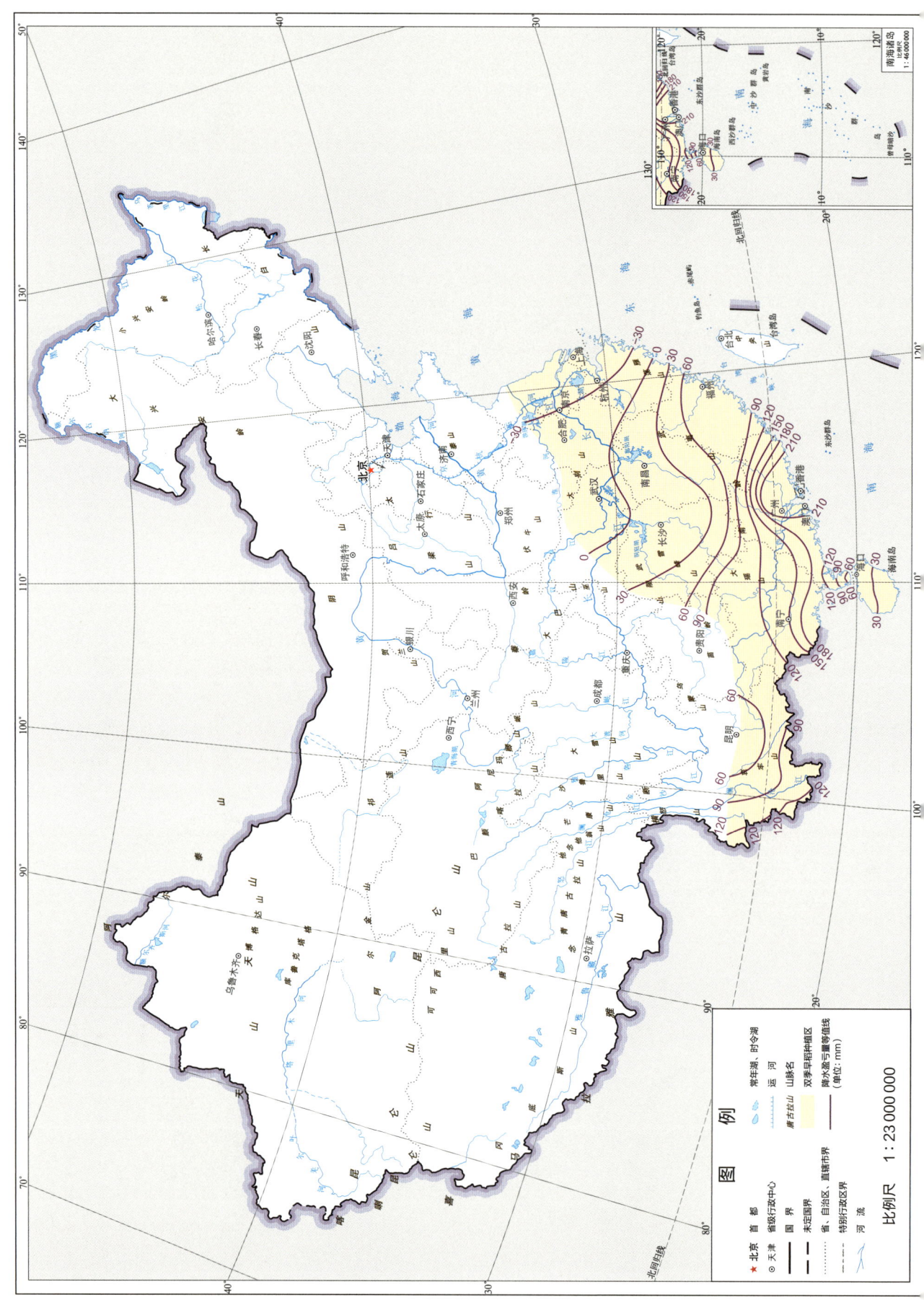

双季早稻开花期—成熟期降水盈亏量

双季早稻抽穗开花期高温及干热风

2 | 双季晚稻

　　双季晚稻产区较双季早稻种植区略大，主要分布在淮河以南地区，包括江苏中南部、安徽中南部、河南南部、湖北、湖南、广西、云南、江西、浙江、福建、广东和海南。

　　除了开花期高温热害，寒露风是双季晚稻另外一个重大气象灾害，主要发生在湖南、湖北、江西等地区，严重的年份可造成受灾地块减产＞50%，需要选用耐寒品种，同时加强田间水分管理。

2.1 双季晚稻关键生育期

双季晚稻关键生育期划可分为播种期、移栽期、拔节期、开花期和成熟期。

20世纪80年代，双季晚稻播种期集中在6月中下旬，大部分地区在6月15日前后，种植区北部和四川盆地稍早一些，一般在6月10日前后。21世纪10年代，双季晚稻播种期开始日期从北向南逐渐推迟；大部分地区在6月下旬至7月下旬，其中北部地区播种开始于6月21日前后，广东和广西沿海地区在7月20日前后。与20世纪80年代相比，整体延后10 d左右，东南沿海地区延后15 d左右。

20世纪80年代，双季晚稻移栽期集中在7月20日至8月初，大部分地区在7月25日前后，广东、广西、福建及云南的思茅（现为普洱，下同）、景洪则在9月10日前后；21世纪10年代，双季晚稻移栽期持续15 d左右，从北向南逐渐延迟，大部分地区在8月上旬。与20世纪80年代相比，移栽期持续日数明显增加，这与水稻品种更替和茬口安排有很大的关系。

20世纪80年代，双季晚稻拔节期从北向南逐渐延后，江苏、安徽、湖北、四川和贵州等地一般在8月上旬，南岭地区在8月20日前后，广东、广西沿海和云南的思茅、景洪则在9月10日前后。21世纪10年代，双季晚稻拔节期与20世纪80年代相比变化不大。

20世纪80年代，双季晚稻抽穗期持续20 d，江苏、安徽、湖北、四川和贵州北部一般在9月10日前后，南岭地区和云南中部，包括福建东部、湘赣南部、广西北部，一般在9月20日前后，广东、广西中南部和云南南部一般在10月初。

21世纪10年代，双季晚稻开花期，分布区北部在9月上旬开始，向南逐渐延迟到10月上旬，大部分地区在9月中下旬。与20世纪80年代相比变化不大。

20世纪80年代，双季晚稻成熟期从北向南逐渐延迟，江苏、安徽、湖北、四川和贵州北部一般在10月下旬，南岭地区和云南中部，包括福建沿海、湘赣南部、广西北部，一般在11月初，广东、广西中南部和云南南部则延迟到11月10日前后。21世纪10年代，双季晚稻成熟期与20世纪80年代相比变化不大。

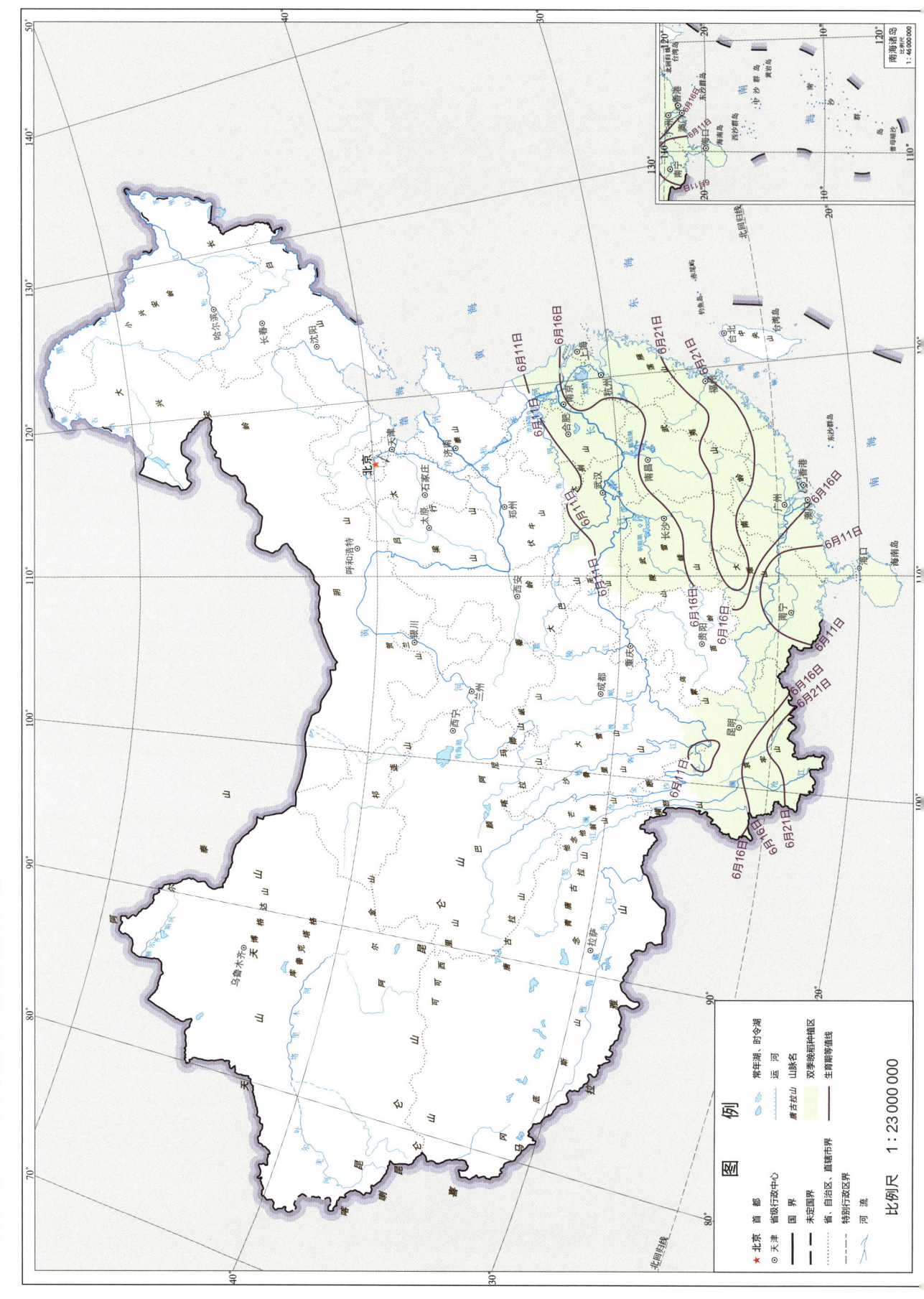

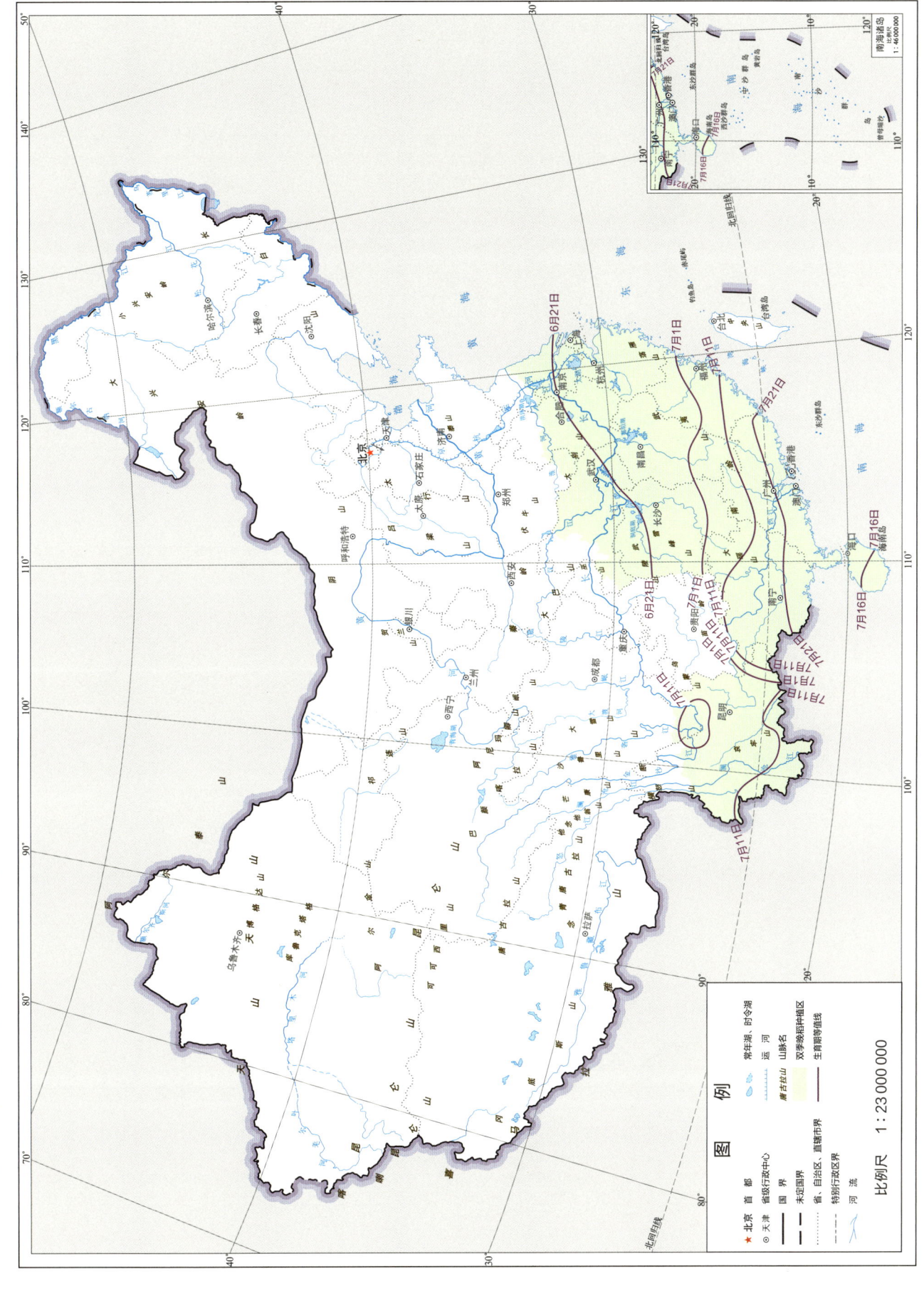

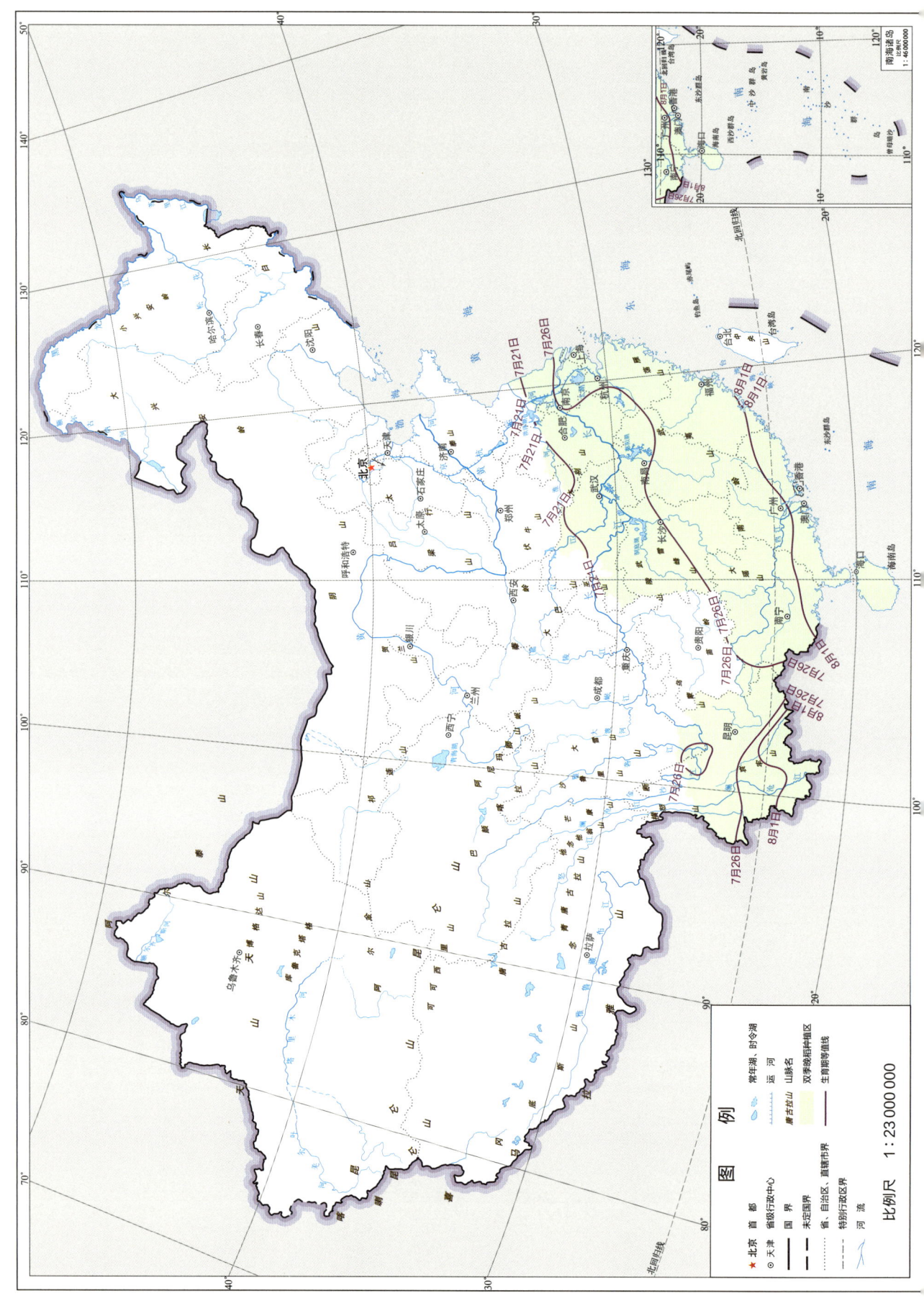

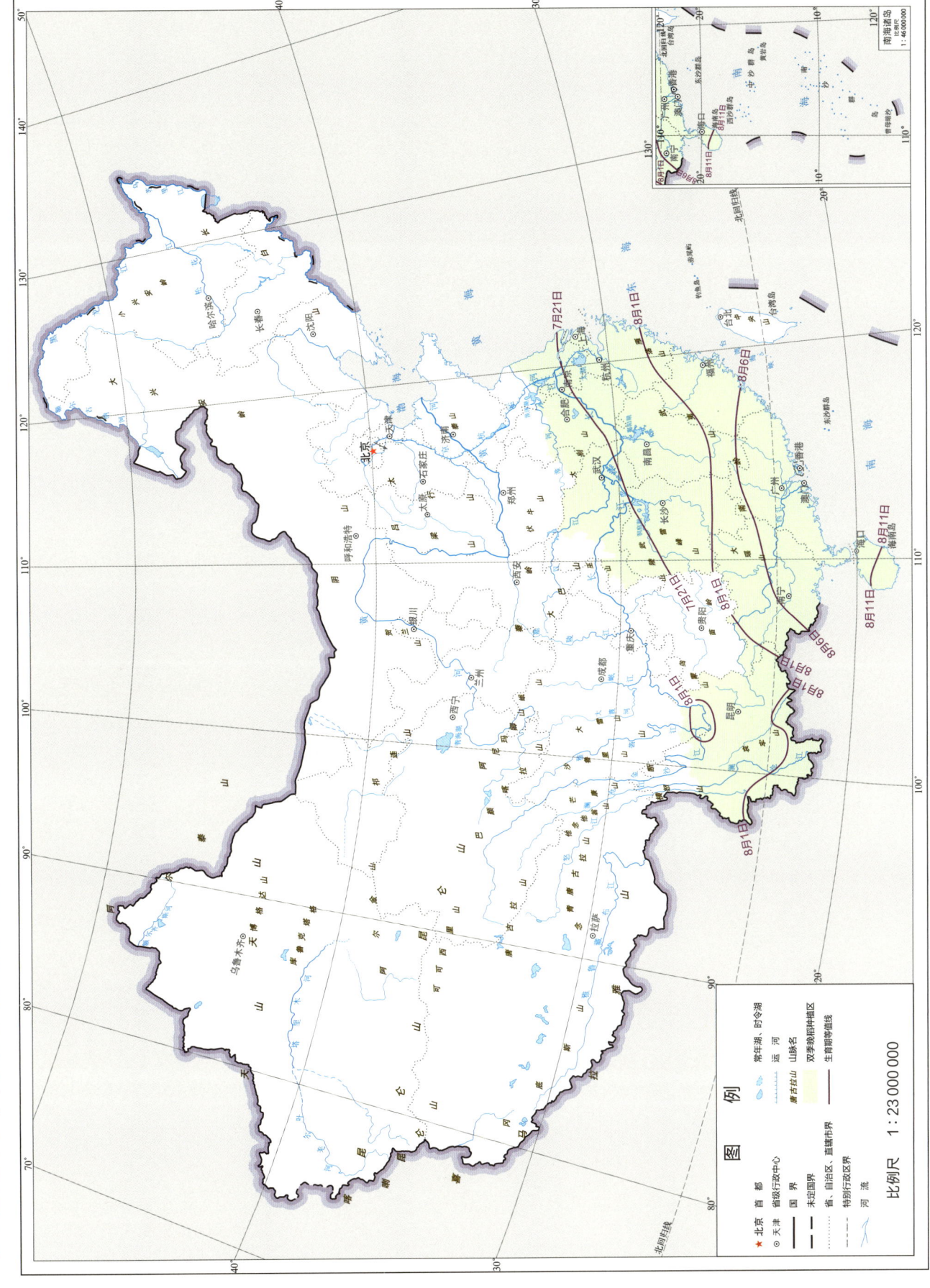

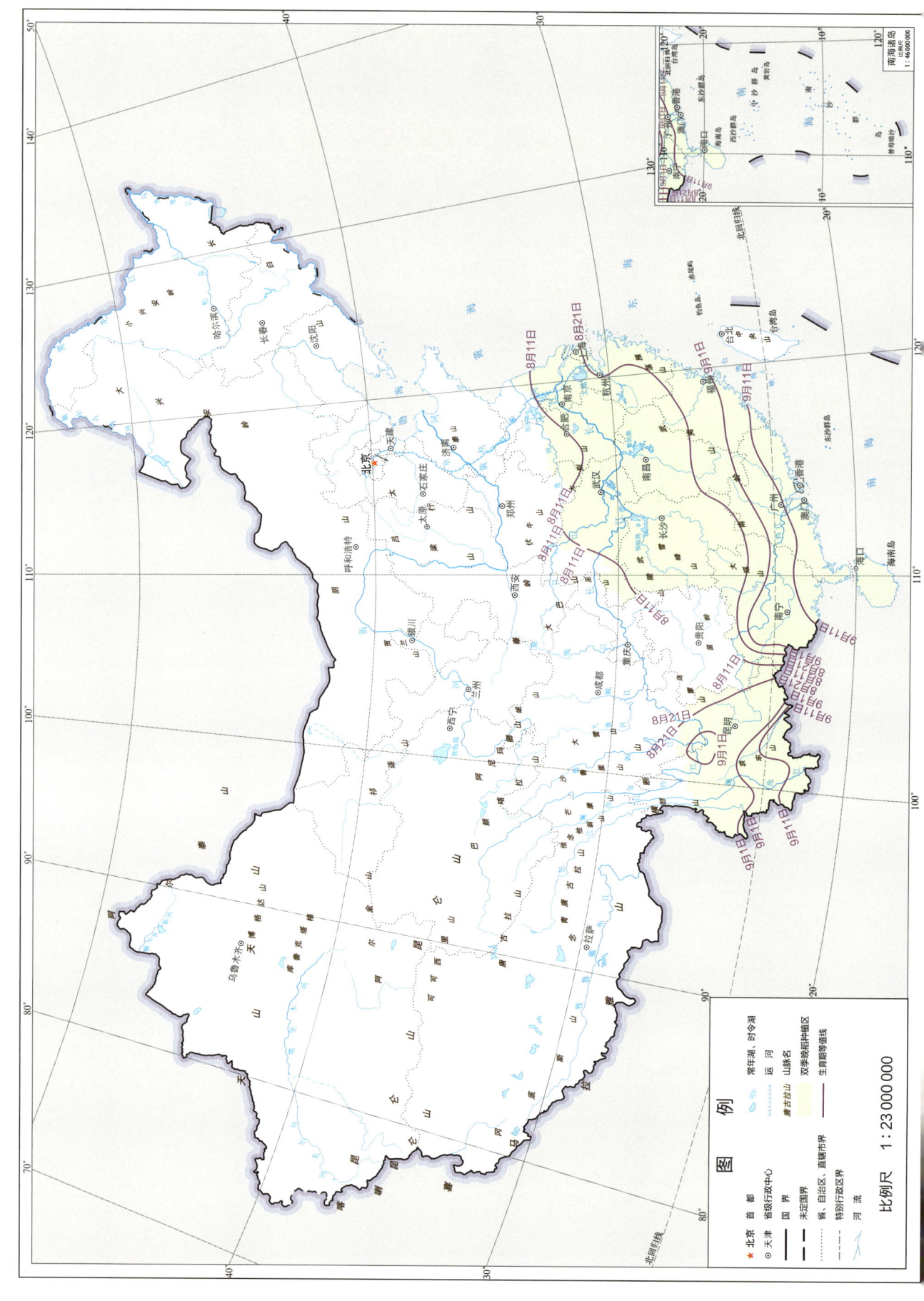

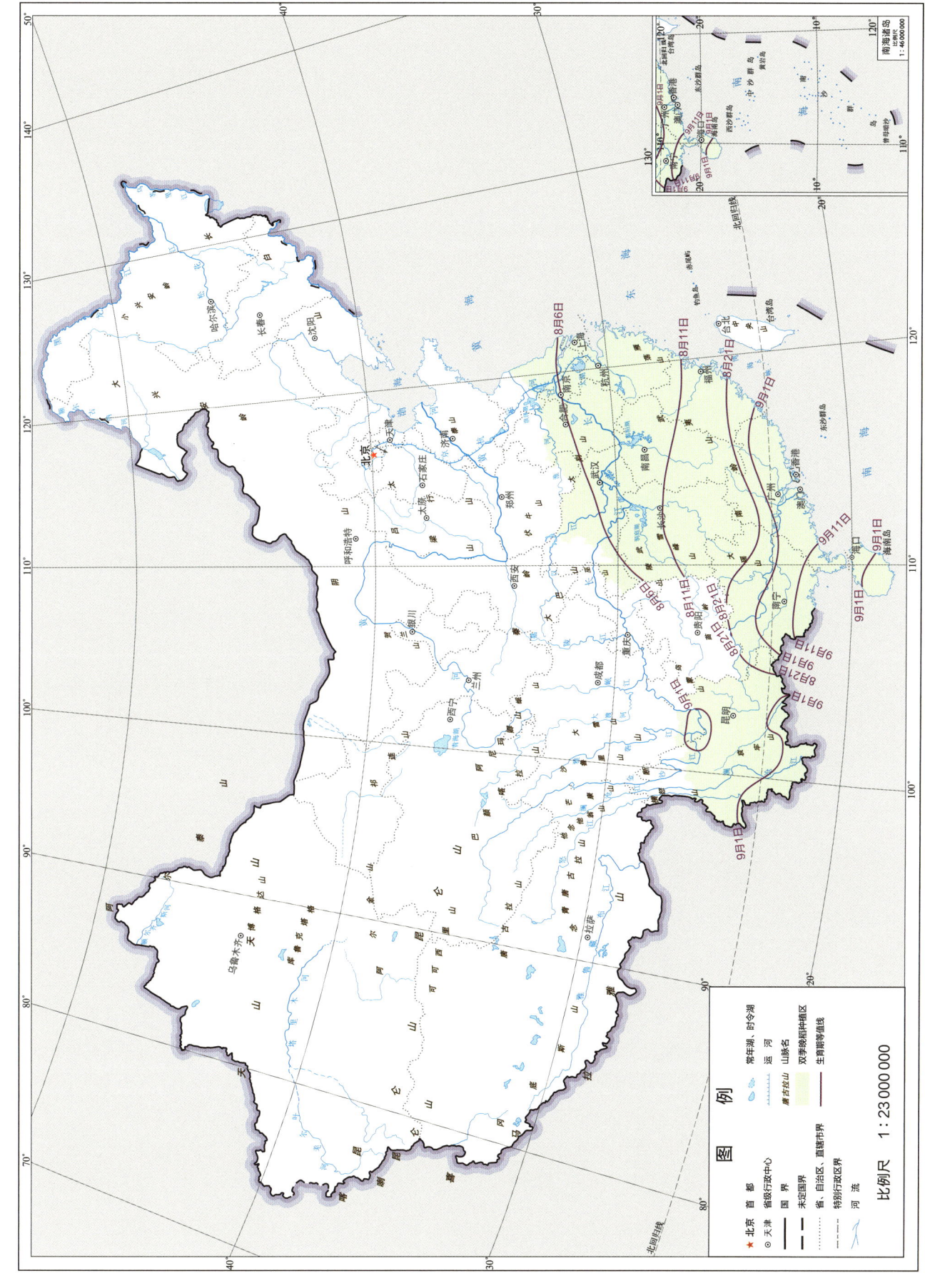

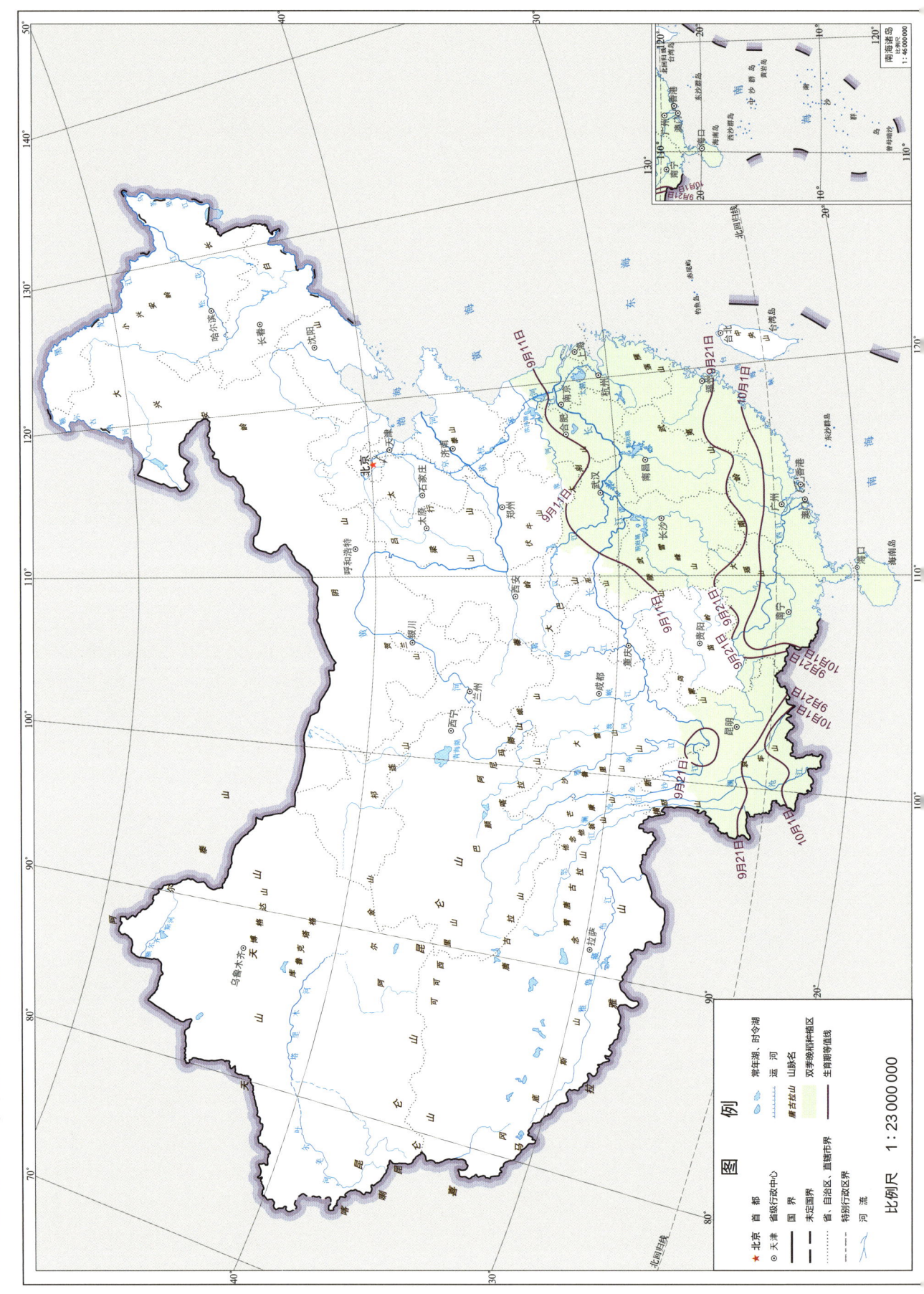

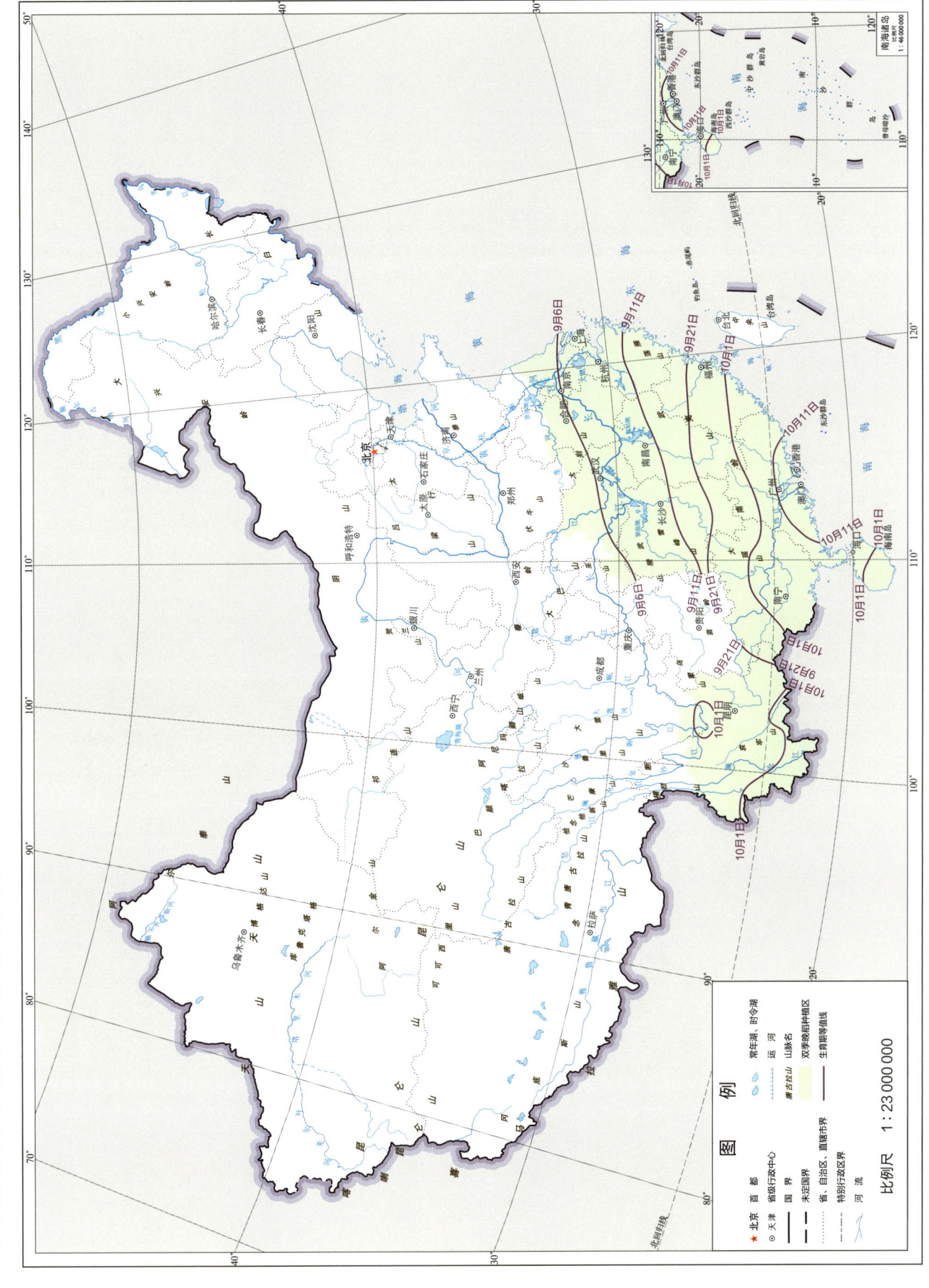

20世纪80年代双季晚稻成熟期

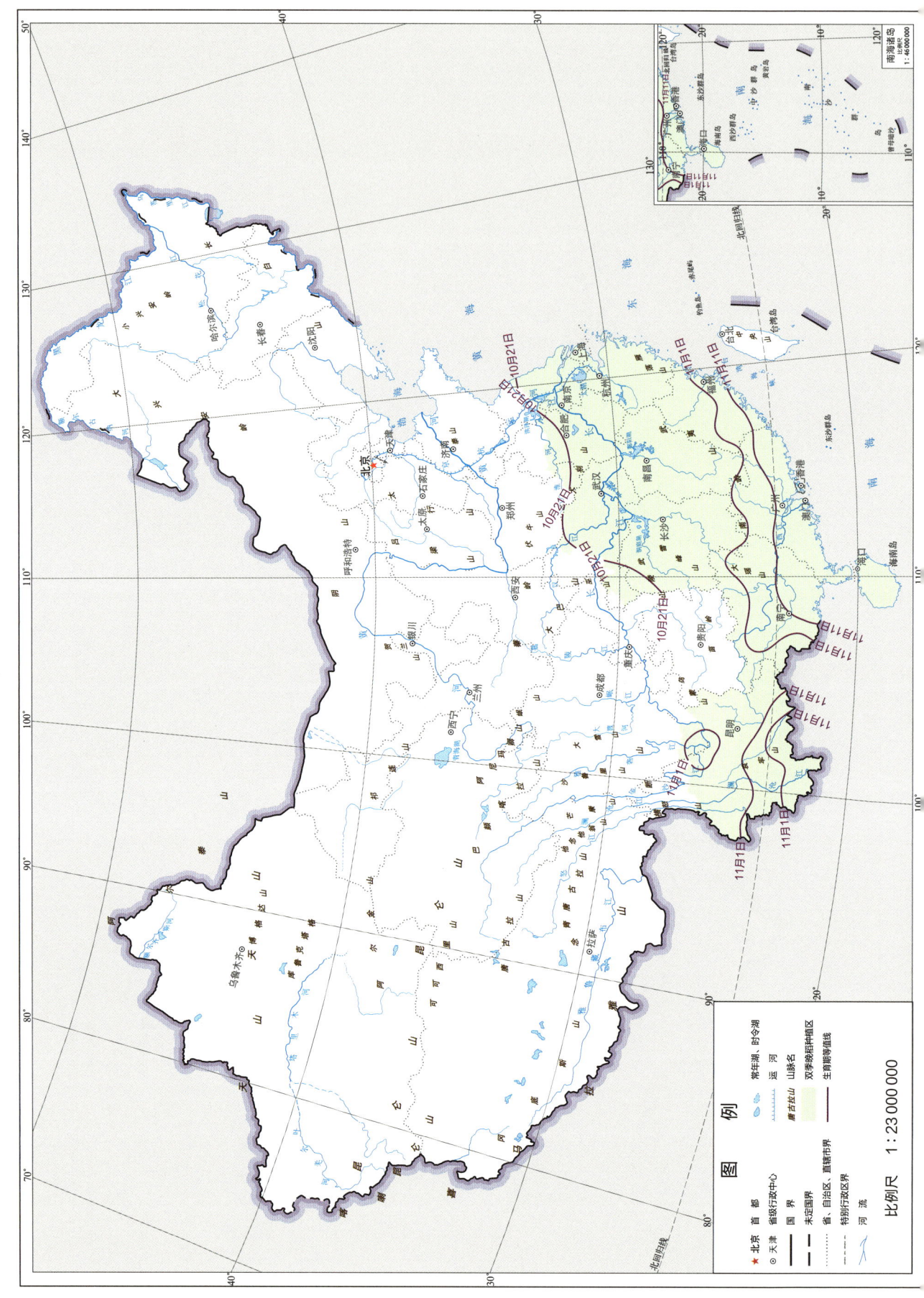

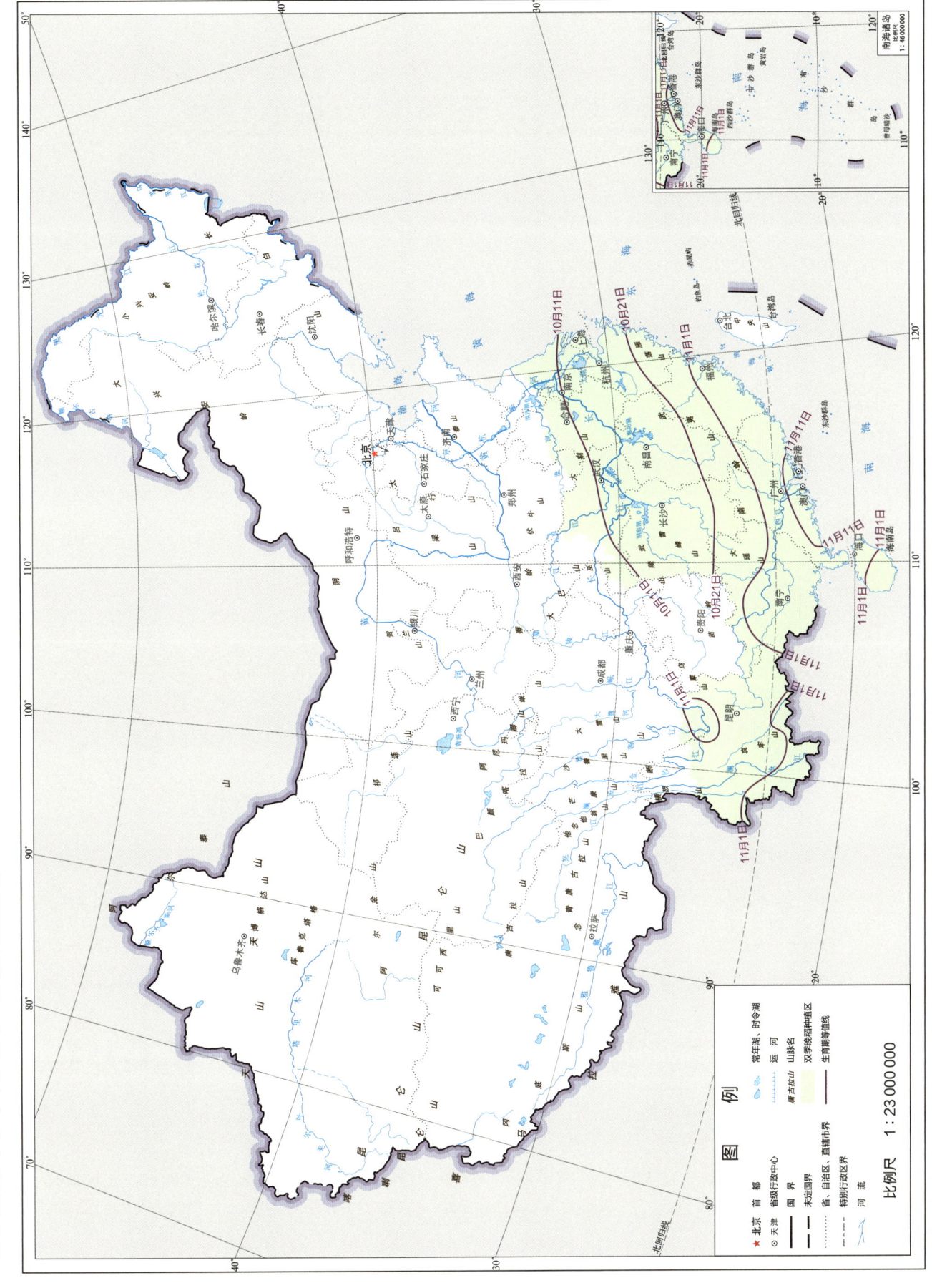
21世纪10年代双季晚稻成熟期

2.2 双季晚稻全生育期光温水资源

　　双季晚稻播种期—成熟期日照百分率变化范围为35%~55%。在双季晚稻的种植区内，从江苏、安徽东南部、湖北东部、湖南东部和广西中部到东南沿海，日照百分率由45%增加到>55%，日照相对充足；西北地区，日照百分率由45%降低到<40%，日照条件相对较差；云南日照百分率在40%左右；海南日照百分率在55%左右，日照条件相对最好，海南五指山周边日照百分率<50%。

　　10℃积温：双季晚稻播种期—成熟期≥10℃积温变化范围为2200~3400℃·d。在双季晚稻种植区域内，海南南部≥10℃积温最高，云南宣威周边≥10℃积温最低。

　　15℃积温：双季晚稻播种期—成熟期≥15℃积温变化范围为1800~3400℃·d。在双季晚稻种植区域内，海南南部≥15℃积温最高，>3400℃·d；云南宣威北边≥15℃积温最低，<1800℃·d。湖北、安徽、江苏、浙江北部、湖南中东部、江西西部及南部、福建西部、广西中东部和广东北部，≥15℃积温为2800~3000℃·d；浙江、江西西北部、福建东部和广东东南部，≥15℃积温<3000℃·d；海南≥15℃积温在3400℃·d左右；云南从东北往西南方向，≥15℃积温由1800℃·d增加到>2800℃·d；玉溪周边至中心，≥15℃积温由2800℃·d增加到>3000℃·d。

　　平均气温：双季晚稻播种期—成熟期平均气温变化范围为18~26℃。在双季晚稻种植区域内，海南、广东、广西中东部、湖南中部、湖北西部、江西中部、福建东南部、江苏南部和浙江西部平均气温最高，>26℃。云南宣威平均气温最低，<18℃。罗霄山、武夷山和黄山周边平均气温<26℃。江苏中部、安徽中部、湖北中部、湖南西部、广西西部和北部平均气温为24~26℃。云南从东北往西南方向，平均气温由<18℃逐渐增加到

＞22℃，峨山彝族自治县周边平均气温＞24℃。

极端最高气温：双季晚稻播种期—成熟期极端最高气温变化范围为21～30℃。在双季晚稻种植区域内，江西南昌周边和湖南衡阳周边极端最高气温最高，＞30℃。四川盐源县周边极端最高气温最低，＜21℃。江苏、浙江、安徽、湖北、福建、广东、广西、海南、江西西部和湖南极端最高气温＞27℃，其中福建政和县、周宁县周边，湖北鹤峰县和五峰土家族自治县周边极端最高气温低于27℃。云南极端最高气温变化范围为21～27℃。

极端最低气温：双季晚稻播种期—成熟期极端最低气温变化范围为14～20℃。在双季晚稻种植区域内，广西南部、广东南部、海南、福建东南部、安徽合肥东部和江苏南部极端最低气温最高，＞20℃。云南宣威周边极端最低气温最低，＜14℃。广西中北部、广东中北部、福建西部、浙江、江西、湖南东部、湖北、安徽西部和南部，极端最低气温为18～20℃。湖南西部和湖北西南部，极端最低气温＜18℃，但湖南吉首周边极端最低气温＞18℃。云南极端最低气温变化范围为14～18℃。

光温生产潜力：双季晚稻播种期—成熟期光温生产潜力的变化范围为10000～12500 kg/hm^2。在双季晚稻种植区域内，江西三亚周边的光温生产潜力最高，＞12500 kg/hm^2。张家界周边和云南宣威周边的光温生产潜力最低，＜10000 kg/hm^2。浙江中部和南部、江西东南部、广东、广西东南部和海南等地区，光温生产潜力为10500～12500 kg/hm^2；西北地区，以张家界为中心至周边，光温生产潜力由10500 kg/hm^{2}降低到＜10000 kg/hm^2。云南从东北向西南方向，光温生产潜力由＜10000 kg/hm^{2}逐渐增加到＞11000 kg/hm^2。

降水量：双季晚稻产区全生育期降水量为360～1000 mm，从西南和北部向东南逐渐增加，区域平均降水量为531 mm。湖南的降水量最低，＜400 mm；海南的降水量最高，＞1000 mm。全生育期需水量由西北向东南沿海逐渐增加。江苏、浙江、福建和广东的需水量最多，＞510 mm；云南的需水量最少，为450 mm左右。降水盈亏量由西北向东南沿海逐渐减少，区域平均降水量亏量为55 mm。云南西南部和海南的降水盈亏量相对最高，分别为320 mm左右和480 mm左右。浙江温州—安徽黄山—江西九江—湖南怀化—广西梧州—广东梅州一线为降水盈亏量0 mm等值线，水分供需基本平衡。降水盈亏量-80 mm的等值线位于湖南南部，区域内水分亏缺量＞80 mm，缺水严重，必须补充灌溉，在缺乏水渠设施的地块，不宜大范围种植水稻。

双季晚稻产区全生育期75%降水保证率双季晚稻全生育期降水量总体自长江流域向中部逐渐降低，向南部和西南部逐渐升高，区域平均降水量为386.3 mm。广东南部、广西南部和云南南部，降水量＞500 mm；海南降水量为800 mm左右；福建、江西、湖南东南部、广西东北部、广东北部降水量最低，＜300 mm。

双季晚稻产区全生育期75％降水保证率双季晚稻全生育期降水盈亏量自长江流域向中部逐渐降低后，向南部和西南部逐渐增加，区域平均降水量为-88.7 mm。湖南西部、广东西北和广西东北部降水亏缺最严重，＞-200 mm。广东汕头—广东肇庆—广西百色—云南文山—云南玉溪一线为降水盈亏量0 mm等值线，水分供需基本平衡。降水盈余最多的地区为云南西南和海南，＞100 mm，200 mm左右。

21世纪10年代双季晚稻抽穗期—成熟期日数

图 例

- ★ 北京 首 都
- ◎ 天津 省级行政中心
- —— 国 界
- — — 未定国界
- ········ 省、自治区、直辖市界
- --- 特别行政区界
- 〰 河 流
- 〰 常年湖、时令湖
- 〰 运 河
- *滟古拉山* 山脉名
- ▨ 双季晚稻种植区
- ── 双季晚稻抽穗期—
  生育期日数等值线
  （单位：d）

比例尺 1:23 000 000

2 双季晚稻

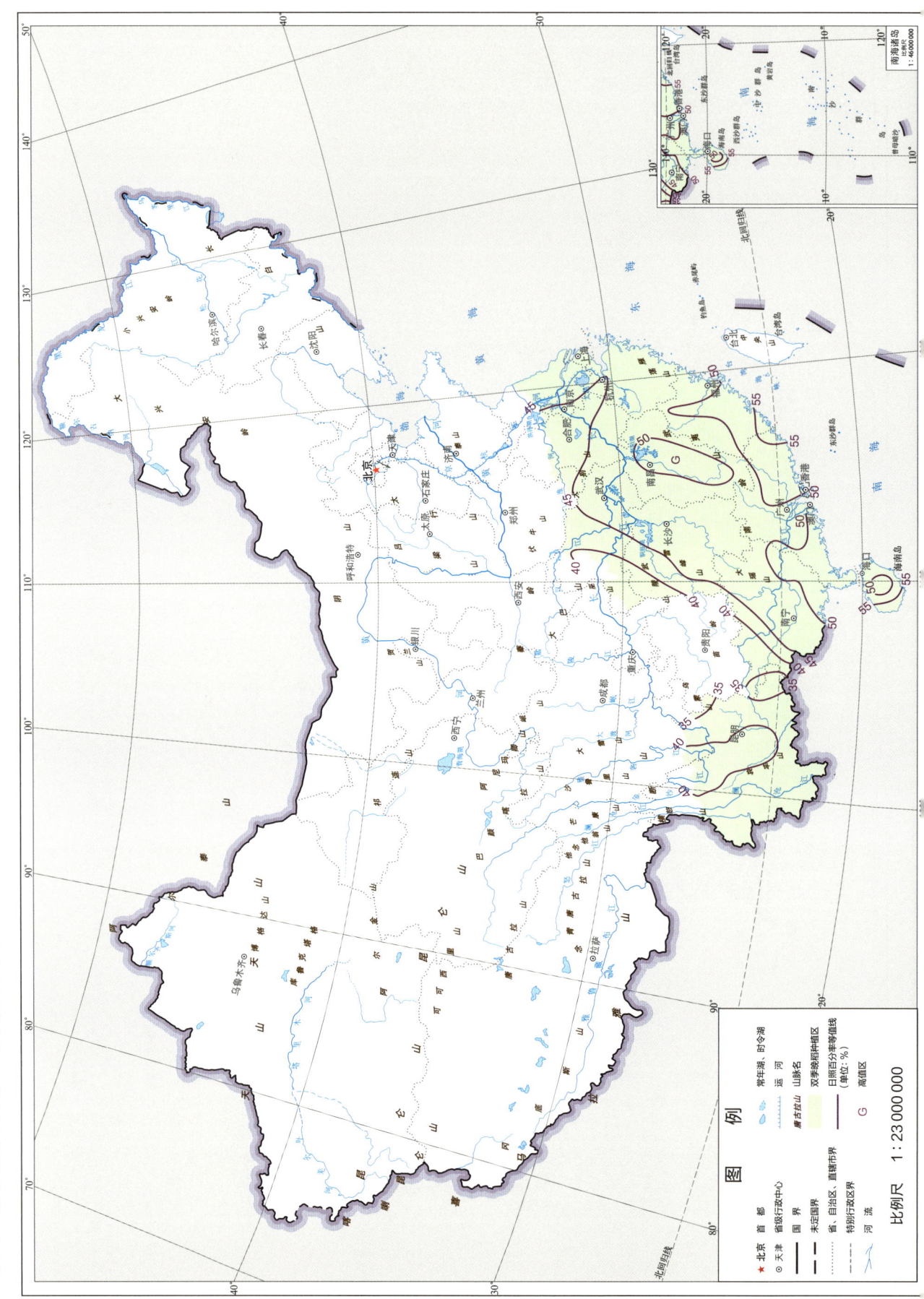

双季晚稻播种期—成熟期日照百分率

2 双季晚稻

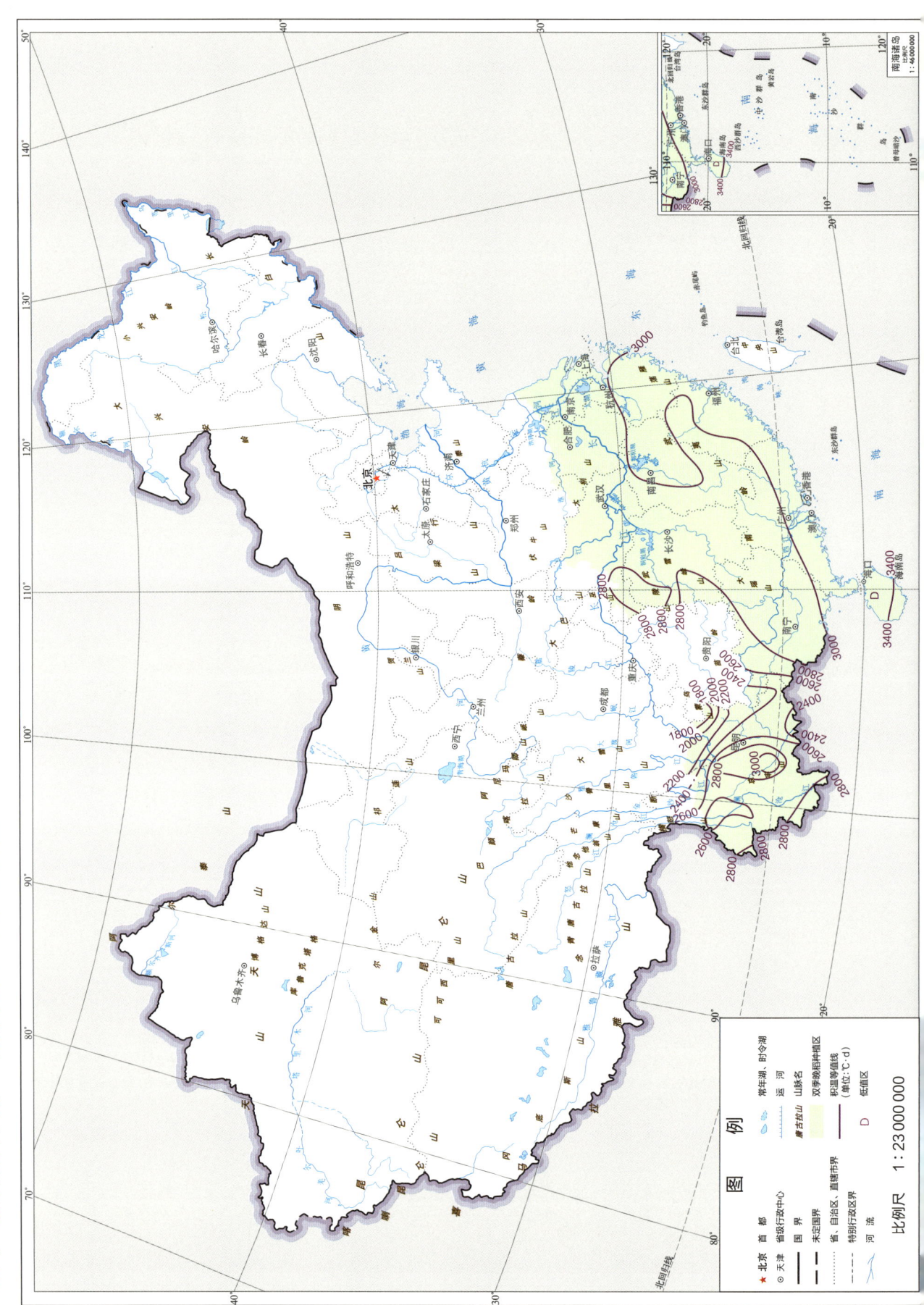

双季晚稻播种—成熟期十分气温

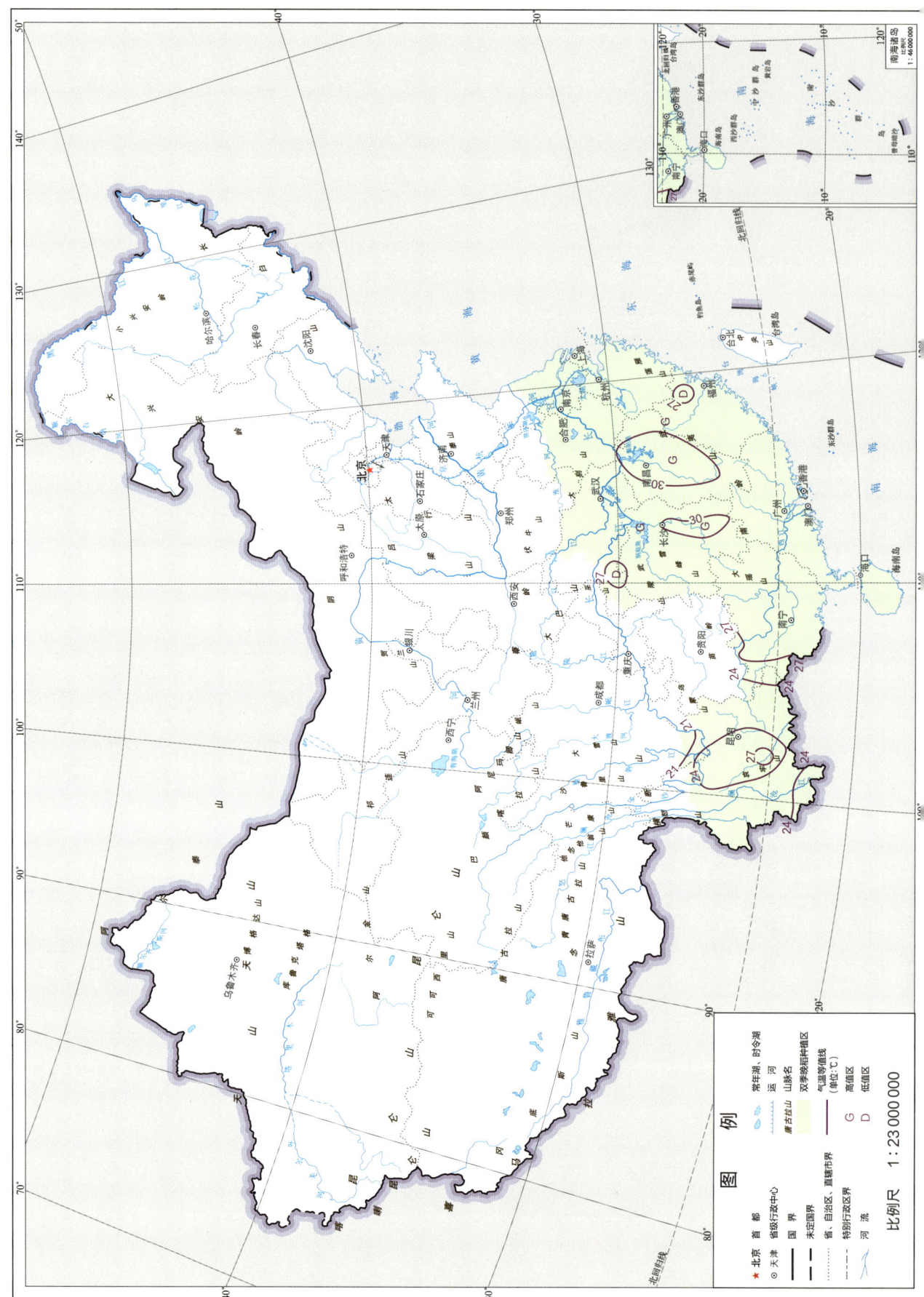

双季晚稻播种期—成熟期极端最低气温

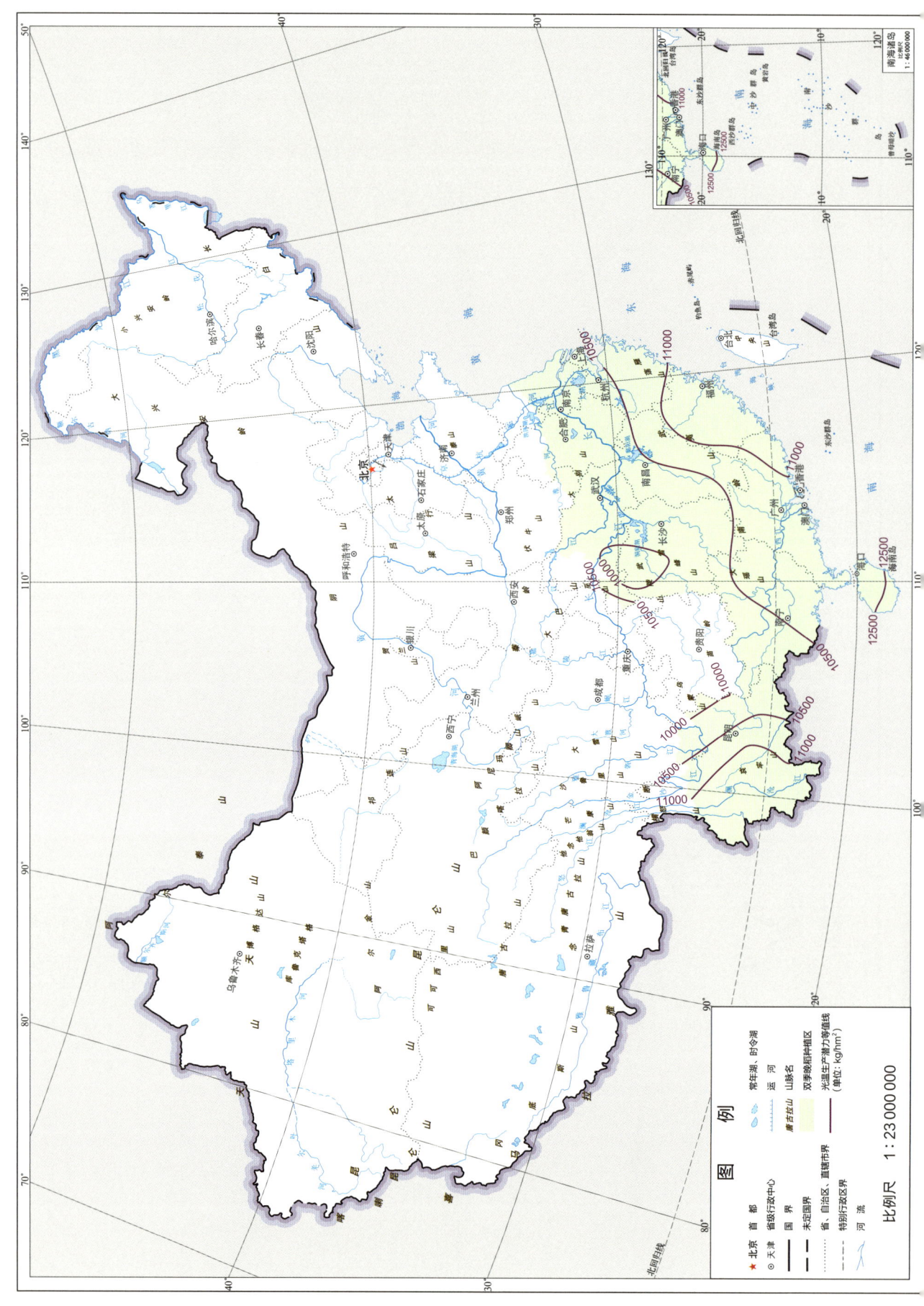

双季晚稻播种期—成熟期降水量

双季晚稻播种期—成熟期需水量

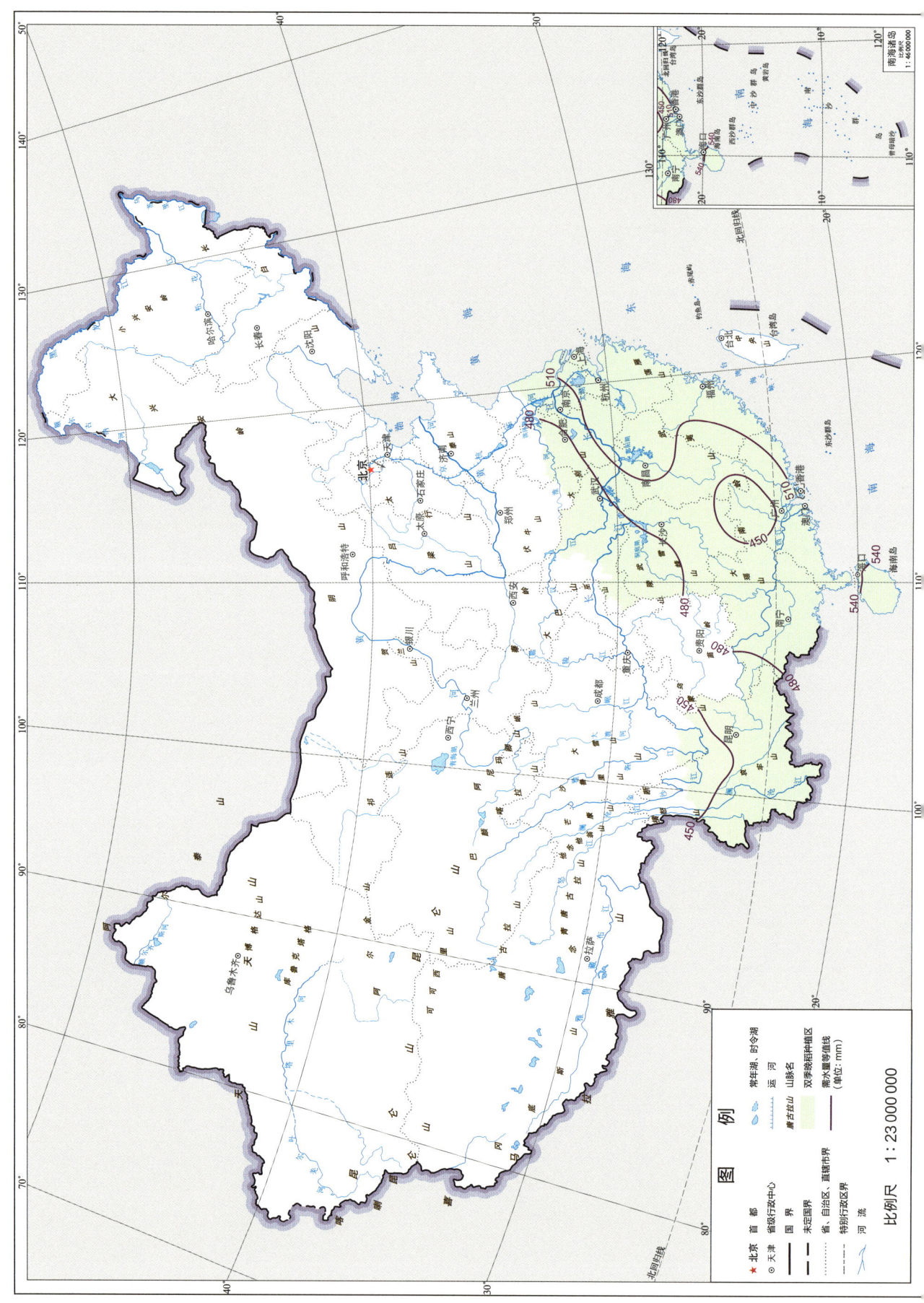

双季晚稻播种期—成熟期降水盈亏量

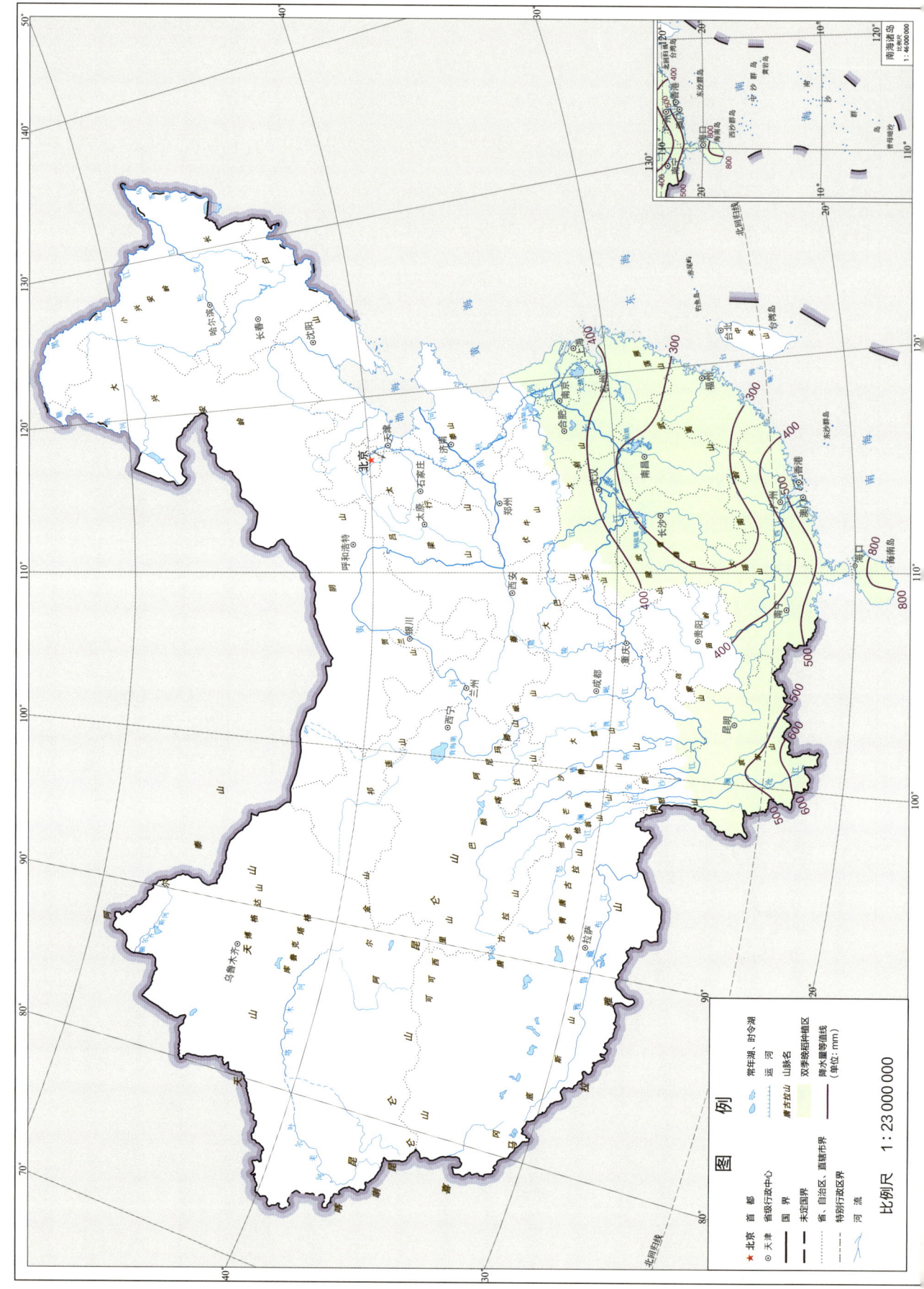

75%降水保证率双季晚稻播种期—成熟期降水盈亏量

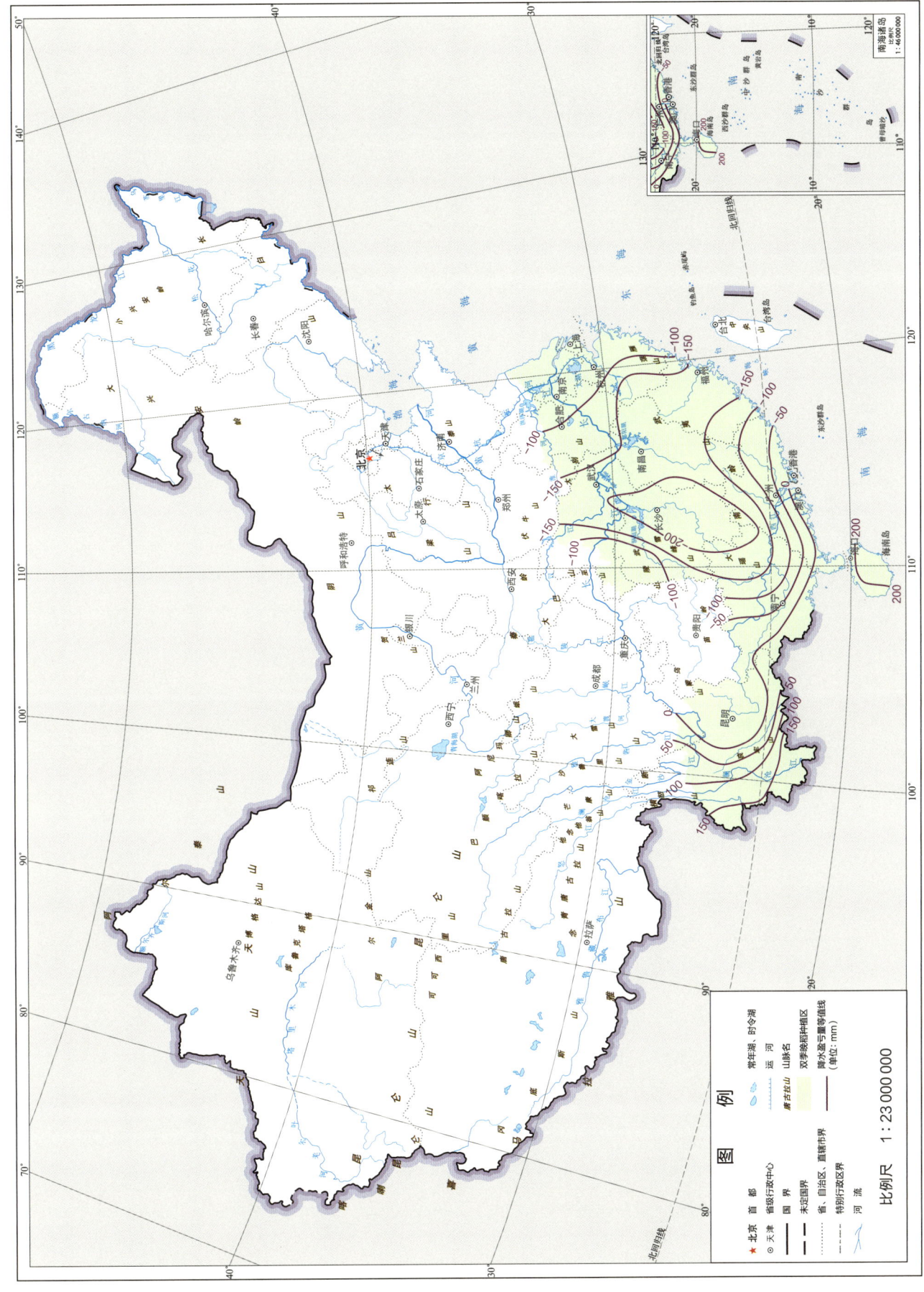

2.3 双季晚稻各生育期水资源及灾害

2.3.1 双季晚稻播种期—移栽期水资源及灾害

21世纪10年代，双季晚稻播种期，开始日期从北向南逐渐推迟；与20世纪80年代相比整体延后10 d左右，东南沿海地区延后15 d左右；大部分地区在6月下旬至7月下旬，北部地区播种开始于6月21日前后，广东和广西沿海地区于7月20日前后。21世纪10年代，双季晚稻播种期—移栽期日数为15～30 d，自北向南逐渐减少，其中云南南部地区为20 d，比广东广西南部地区多5 d左右。

水分：双季晚稻播种期—移栽期降水量为90～190 mm，降水量从种植区南部向中部逐渐减少，然后向北部地区逐渐增加，区域平均降水量为133.6 mm。安徽南部、江苏南部、云南西南部和海南的降水量较高，＞160 mm。100 mm等值线位于福建泉州—江西赣州—湖南郴州一带，这一带是双季晚稻播种期—移栽期降水量最少的地区。需水量由西北向东南沿海逐渐增高。浙江、福建北部和海南需水量最高，＞100 mm，其中海南为140 mm左右；云南东部、广西和广东西南需水量最少，＜60 mm。降水盈亏量由西北向东南沿海逐渐减少，区域平均降水盈亏量为55 mm。江苏南部、浙江北部、广西西南部和云南的降水盈亏量最高，＞80 mm。福建、江西南部和湖南东南部地区的降水盈亏量最低，＜20 mm。

灾害：南方双季晚稻育秧期主要在每年的6月1日—6月30日，当日最高气温≥35 ℃时，会导致秧苗素质差，形成晚稻育秧期高温灾害。该灾害发生范围广，频率高，高发区主要分布在产区的中东部，由东向西发生频率逐渐降低。1981—2010年，该灾害发生频率＞50 %的地区包括陕西东南部、河南和安徽的部分地区、浙江西部、湖北、湖南东部、江西、福建西北部、广东中西部、广西中东部。江苏、浙江、福建和广东四省的沿海地区最多2年一遇;云南、贵州、四川、重庆和广西西部地区最多2年一遇,并由东向西发生频率逐渐降低。云南西部和东部、贵州西部、四川西南部最多6年一遇。

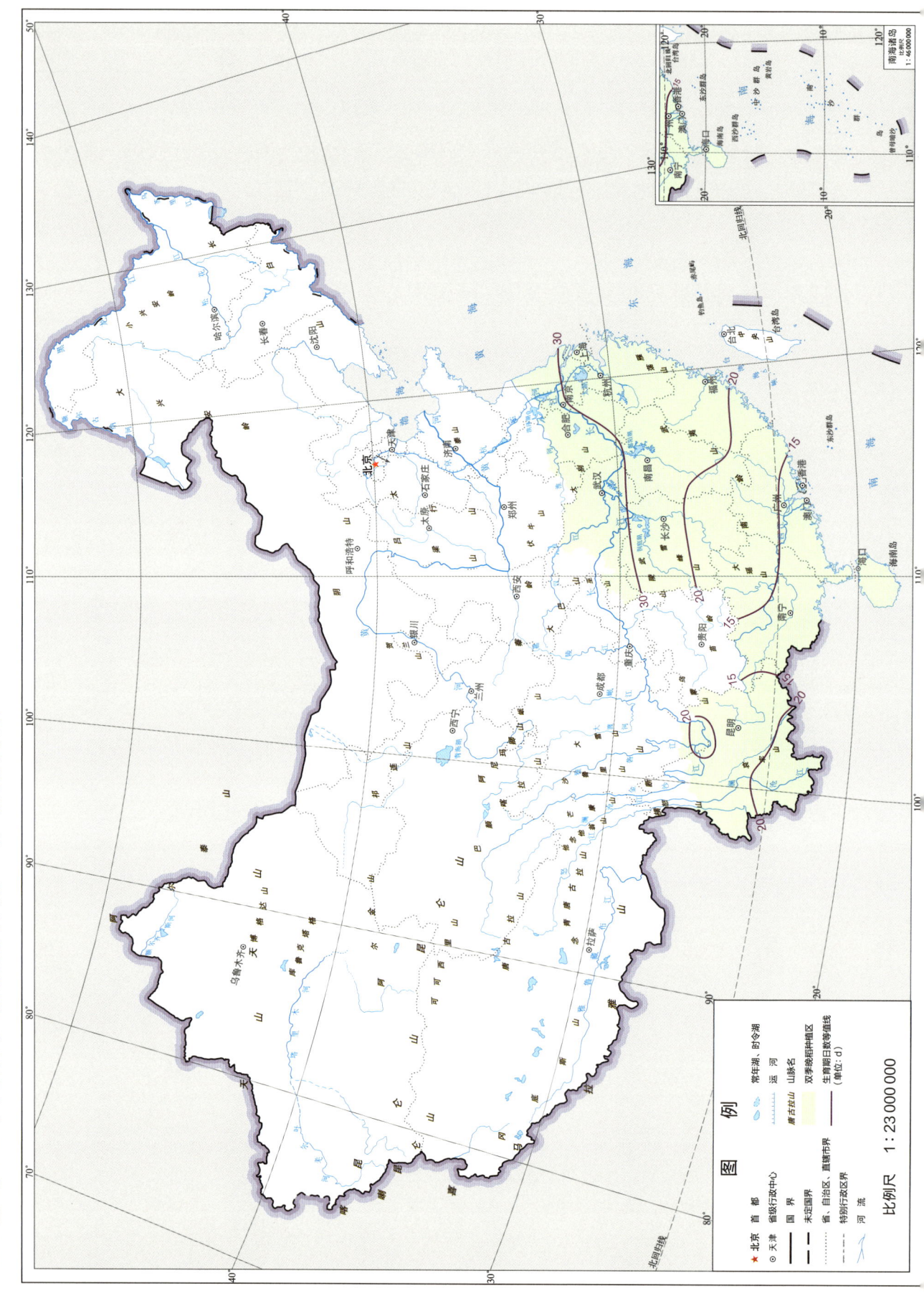

21世纪10年代双季晚稻播种期—移栽期日数

双季晚稻种植一级熟制需水量

图 例

- ★ 北京　首　都
- ◎ 天津　省级行政中心
- ── 国　界
- ─── 未定国界
- ···· 省、自治区、直辖市界
- ---- 特别行政区界
- ～ 河　流
- 　　常年湖、时令湖
- 　　运　河
- 唐古拉山　山脉名
- 　　双季晚稻种植区
- ── 降水量等值线（单位：mm）

比例尺 1:23 000 000

2 双季晚稻　091

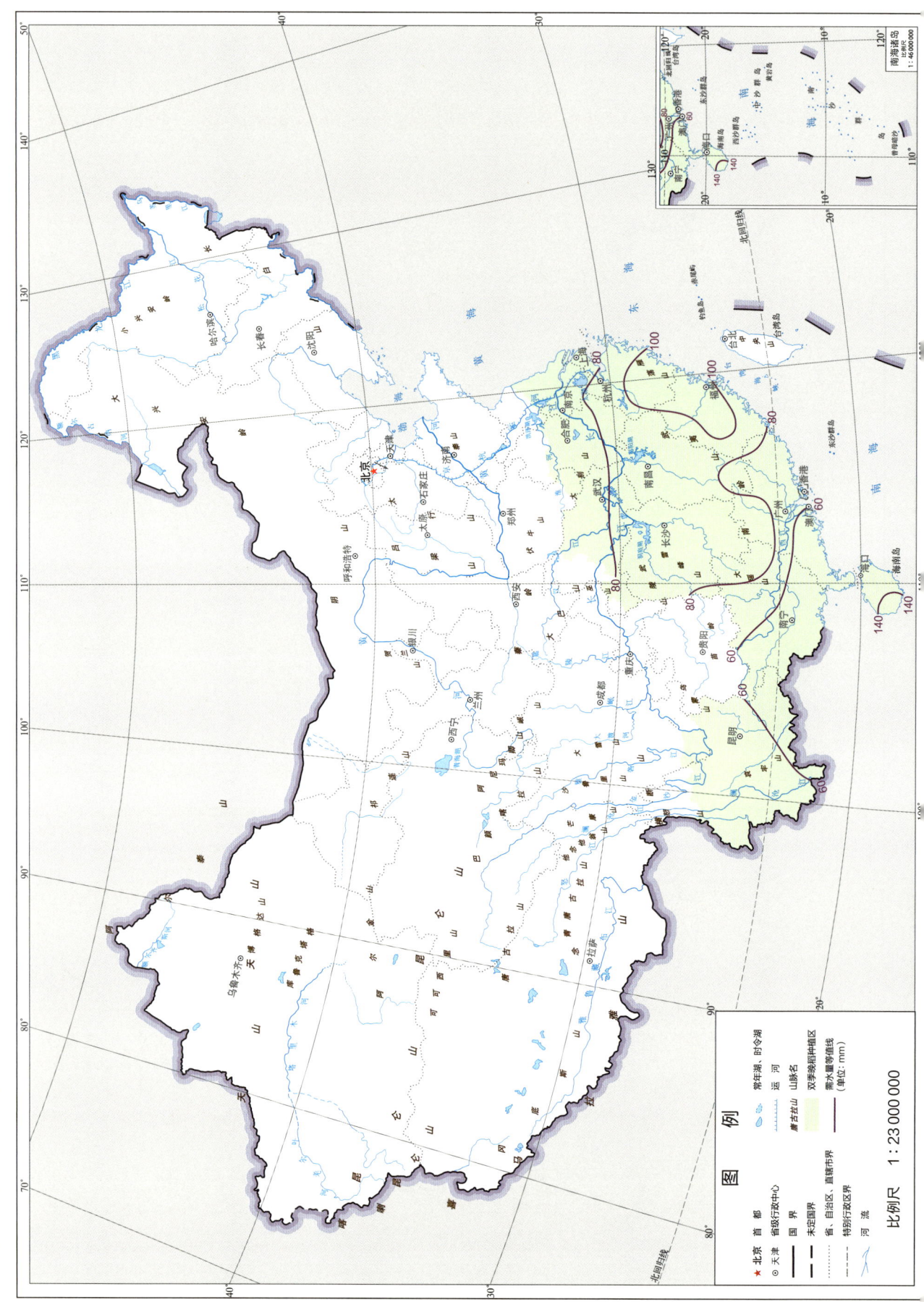

双季晚稻播种—移栽期需水量

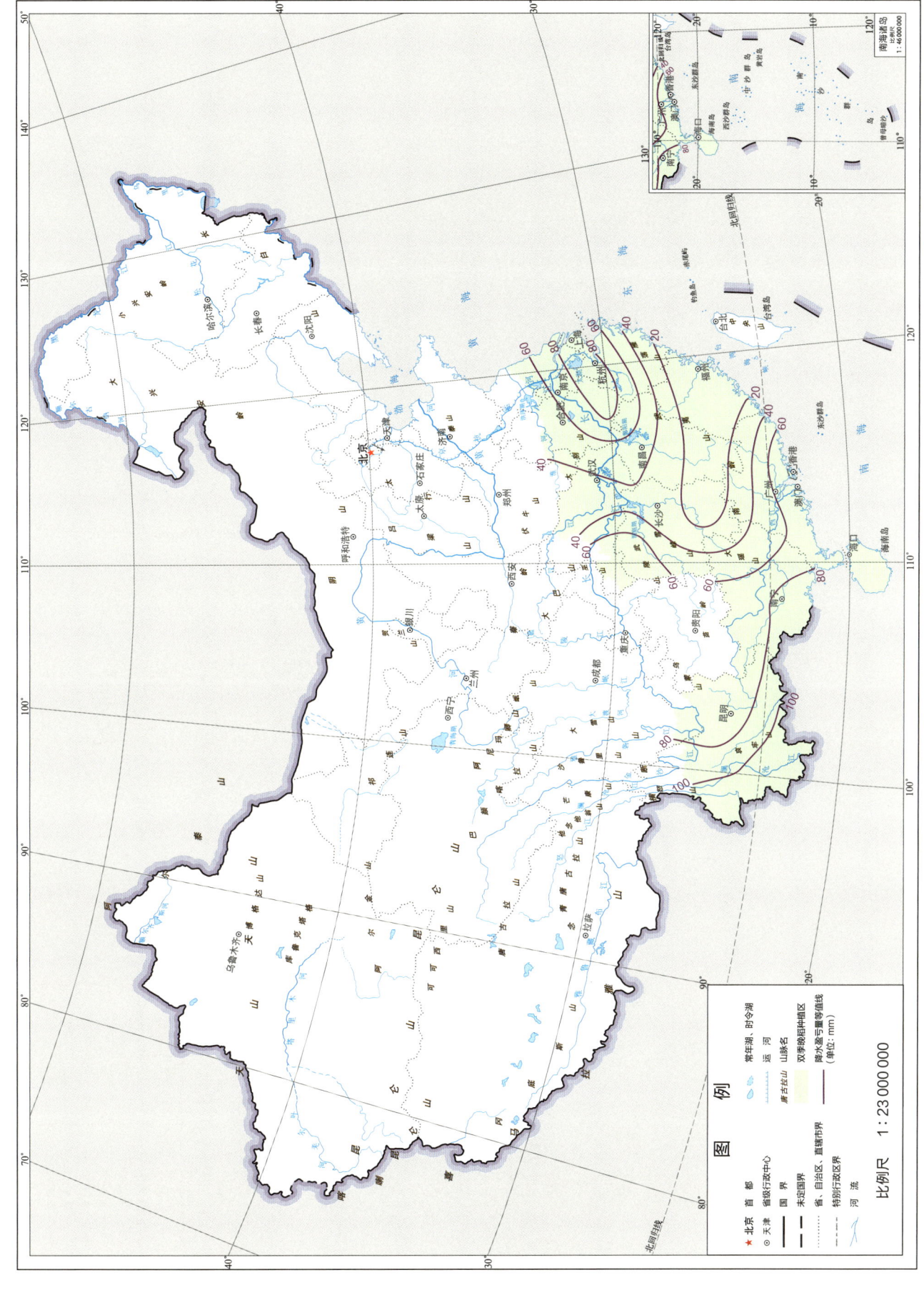

双季晚稻育秧期高温发生频率

2.3.2 双季晚稻移栽期—拔节期水资源

双季晚稻移栽期—拔节期日数为15～30 d，自北向南逐渐增加，在云南南部地区最长，为30 d。

水分：双季晚稻移栽期—拔节期降水量为80～350 mm，从种植区南部往中部逐渐降低，然后往北部地区逐渐升高，区域平均降水量为155.8 mm。安徽南部、江苏南部、云南西南部和海南的降水量最高，>150 mm，海南的降水量>270 mm。90 mm等值线位于浙江宁波—江西吉安—湖南郴州一带，这一带是双季晚稻播种期—移栽期降水量最少的地区。需水量由北向南逐渐升高。广西南部和广东西南部的需水量最高，>160 mm，海南的需水量为160 mm左右；湖南、湖北、安徽北部和江苏的需水量最低，<100 mm。降水盈亏量总体为由长江流域向中部逐渐降低，然后向南部和西南部逐渐增高，区域平均降水盈亏量为42.3 mm，总体水分较为充足。广西南部和广东南部的降水盈亏量最高，>120 mm。安徽黄山—江西九江—湖南岳阳—湖南怀化—广西桂林—广东韶关—福建三明一线为降水盈亏量0 mm等值线，水分供需基本平衡。降水盈亏量-30 mm的等值线位于江西中北部地区，区域内水分亏缺量>30 mm，水分供给不足。

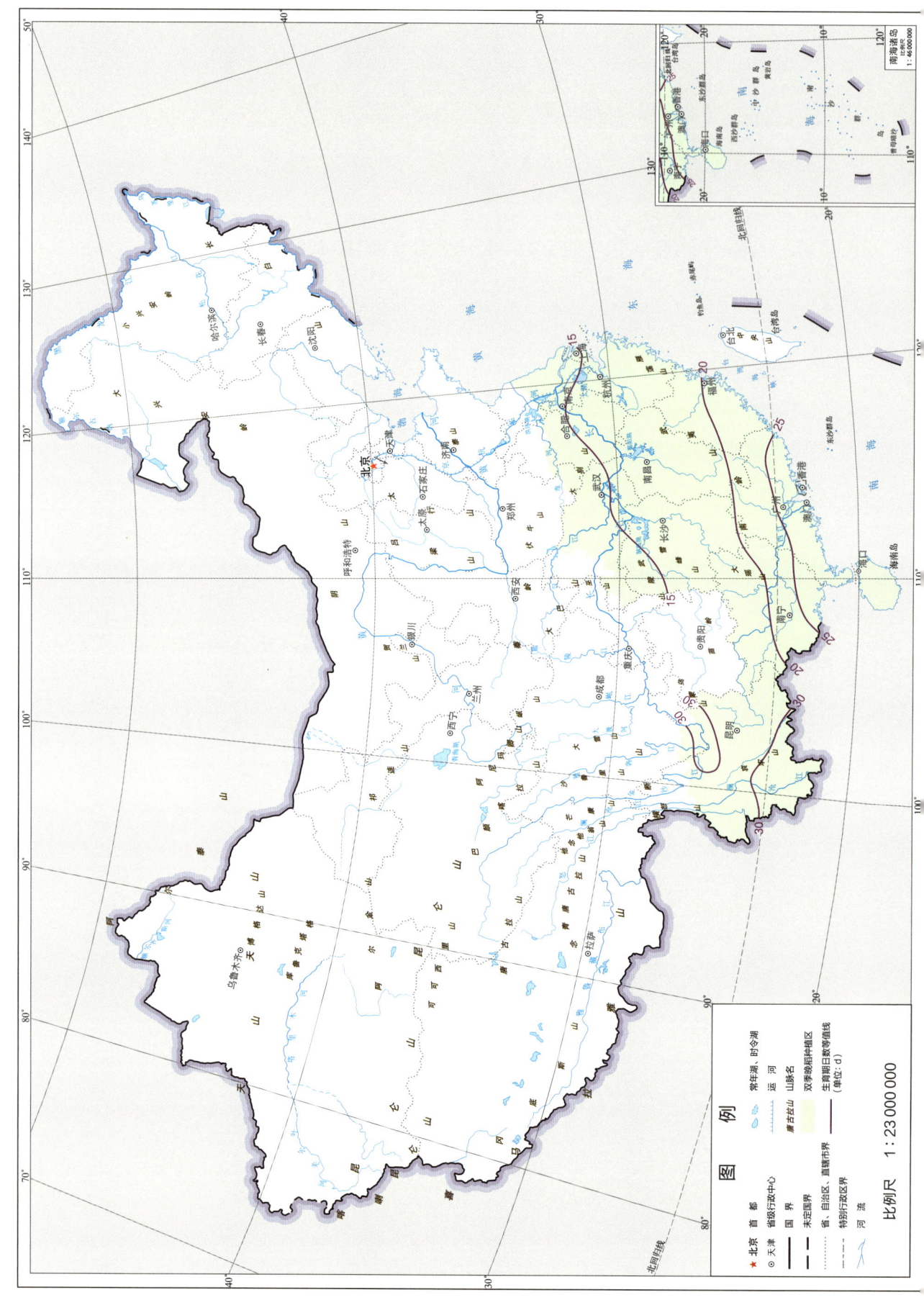

双季晚稻移栽期—拔节期降水量

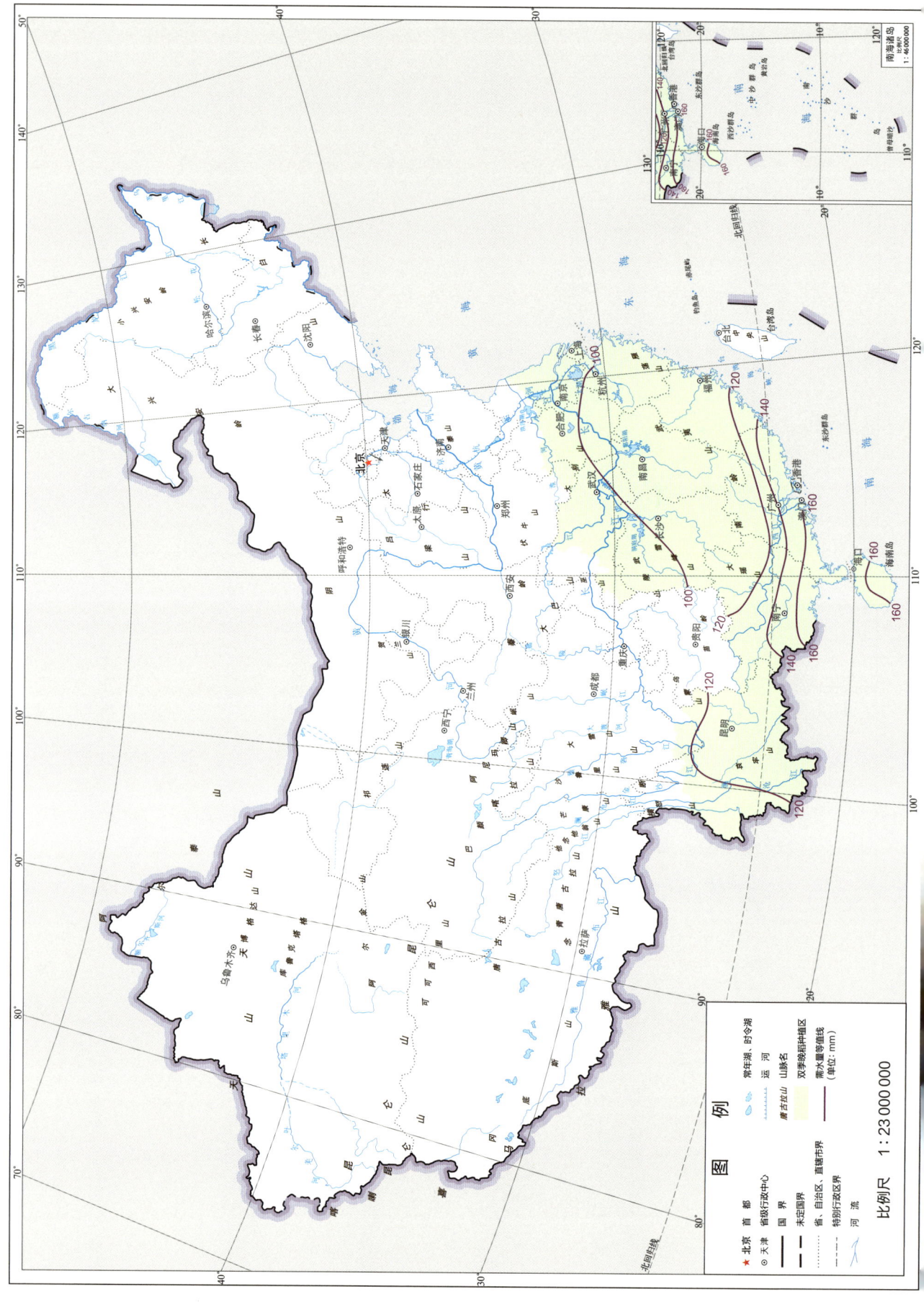

双季晚稻播种期降水量等值线图

图例
- ★ 北京 首都
- ⊙ 天津 省级行政中心
- —— 国界
- --- 未定国界
- —·— 省、自治区、直辖市界
- ······ 特别行政区界
- ～ 河流
- 常年湖、时令湖
- 运河
- 山脉名
- 双季晚稻种植区
- —— 降水量等值线（单位：mm）

比例尺 1:23 000 000

2 双季晚稻

2.3.3 双季晚稻拔节期—开花期水资源及灾害

21世纪10年代，双季晚稻拔节期—开花期日数为30～40 d，其中在北纬25°附近最长，为40 d。

水分：双季晚稻拔节期—开花期降水量为100～290 mm，从东北向中部逐渐降低，然后向南部逐渐增高，区域平均降水量为174.6 mm。安徽北部、江苏和广东南部降水量较高，＞210 mm。130 mm等值线位于福建厦门—江西邵安一带，这一带是双季晚稻播种期—移栽期降水量最低的地区，常出现伏旱。需水量由东北向西南逐渐降低。江苏南部和浙江北部的需水量最高，＞220 mm；云南的需水量最低，＜140 mm。海南的降水盈亏量最高，为140 mm左右；云南西部为40 mm左右。广东汕头—广东肇庆—云南文山—云南玉溪一线为降水盈亏量0 mm等值线，水分供需基本平衡。种植区北部大部分地区水分不足，降水盈亏量为-40～-20 mm。广西北部和湖南南部交界处降水盈亏＜-60 mm，水分严重不足。

灾害：双季晚稻抽穗开花期主要在每年的9月1日—9月20日，当持续≥3 d日最高气温≥35℃时，会影响水稻花粉发育和授粉，增加空秕率，最终导致减产，形成晚稻抽穗开花期高温灾害。该灾害发生范围广，高发区主要分布在产区东南部地区。1981—2010年30年间，江西大部、湖南东南部、浙江西南部、福建西北部和广东北部地区发生频率＞30%；以高发区为中心，发生频率向四周逐渐降低。另外，重庆北部和湖北施恩也是该灾害的高发区，发生频率＞20%；四川西南部和云南的西部未见发生。

双季晚稻抽穗开花期间，持续≥3 d日平均气温≤23℃，且日最低气温＞16℃，雨日数≥1 d，会造成双季晚稻抽穗扬花期受阻，导致空壳率增加、产量下降，形成双季晚稻轻度湿冷型寒露风。该灾害发生范围广，几乎覆盖南方晚稻全部种植区。1981—2010年30年间，高发区主要分布在重庆东北部、湖北西部、重庆西部、贵州西北部和四川东南部，发生频率＞33%；以高发区为中心，发生频率分别向东南和西北逐渐降低；到福建南部、广东大部、广西东部、云南北部和四川西南部，发生频率＜15%。

双季晚稻抽穗开花期间，持续≥3 d日平均气温≤21℃，且日最低气温≤16℃，雨日数≥2 d，造成双季晚稻抽穗扬花受阻，导致空壳率增加、产量下降，形成晚稻重度湿冷型寒露风灾害。该灾害发生范围广，几乎覆盖南方晚稻全部种植区。1981—2010年30年间，该灾害高发区主要分布在重庆东北部、湖北西部、湖南西北部、四川西南部、贵州西北部和云南西部，发生频率＞33%，即30年间有超过10年均有发生；以高发区为中心，发生频率向东南降低；福建南部、广东南部发生频率＜5%。

双季晚稻抽穗开花期间，持续≥3 d日平均气温≤22℃，且日最低气温＞16℃，会造成双季晚稻孕穗期—抽穗扬花受阻，导致空壳率增加、产量下降，形成晚稻轻度干冷型寒露风灾害。该灾害发生范围广、频率高，几乎覆盖南方晚稻全部种植区。1981—2010年30年间，长江中下游地区到南岭以北的南方稻区超过25年发生，即发生频率＞83%，这一高发区占据南方晚稻种植区的一半面积以上；以高发区为中心，发生频率分别向南、向西北逐渐降低；云南南北端和四川西南局部发生频率＜10%。

双季晚稻抽穗开花期间，持续≥3 d日平均气温≤20℃，且日最低气温＞16℃，会造成双季晚稻孕穗期—抽穗扬花期受阻，导致空壳率增加、产量下降，形成晚稻重度干冷型寒露风灾害。该灾害发生范围广，发生频率北部高、南部低，除广东沿海和海南外，在其余南方晚稻种植区均有发生。1981—2010年30年间，四川境内嘉陵江流域为该灾害的高发区，发生频率＞67%；以高发区为中心，发生频率向西、向东和向南逐渐降低。云南南部为该灾害次高发生区，发生频率＞50%；广东南部及其以南地区和海南未见发生。

21世纪10年代双季晚稻拔节期—开花期日数

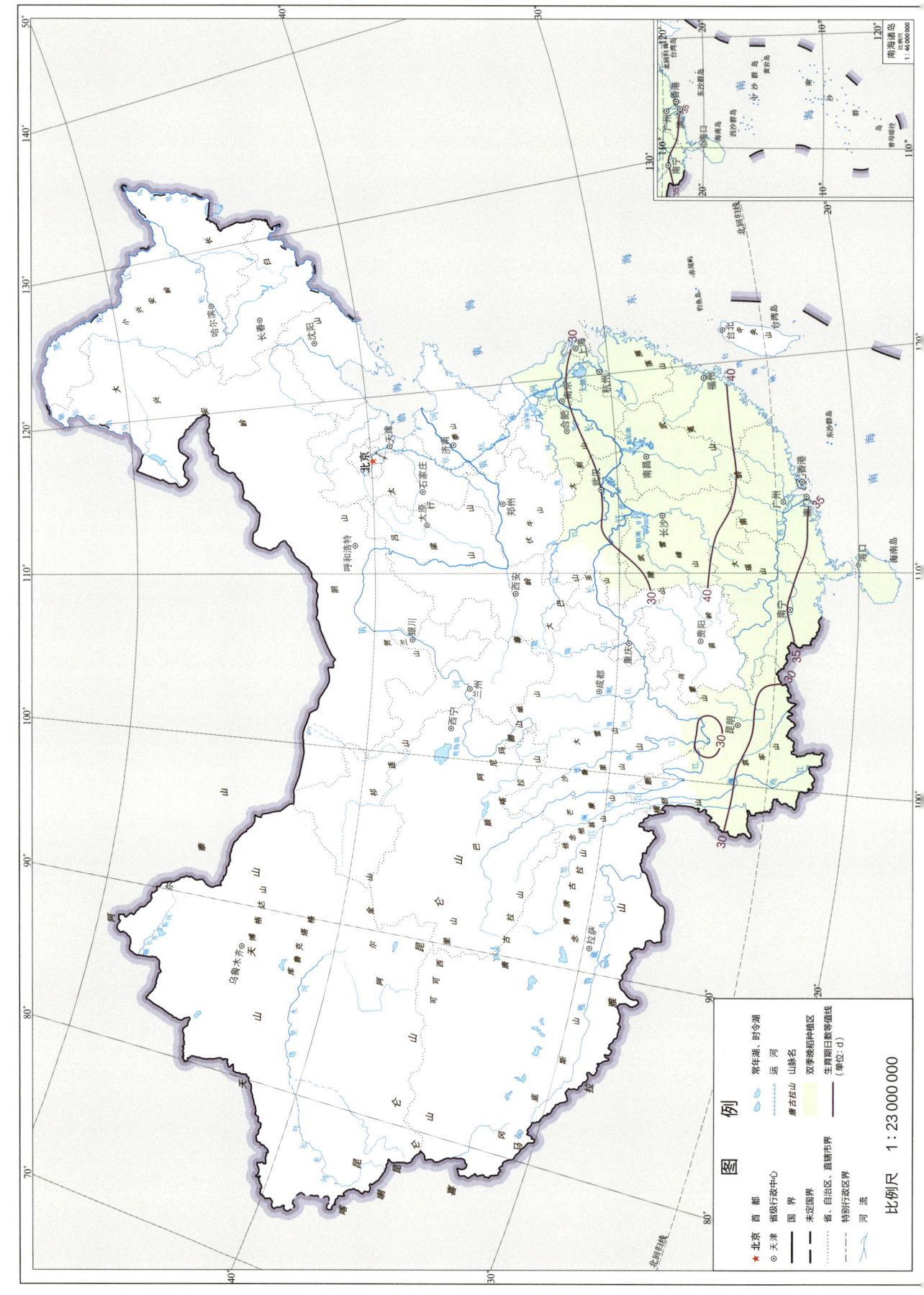

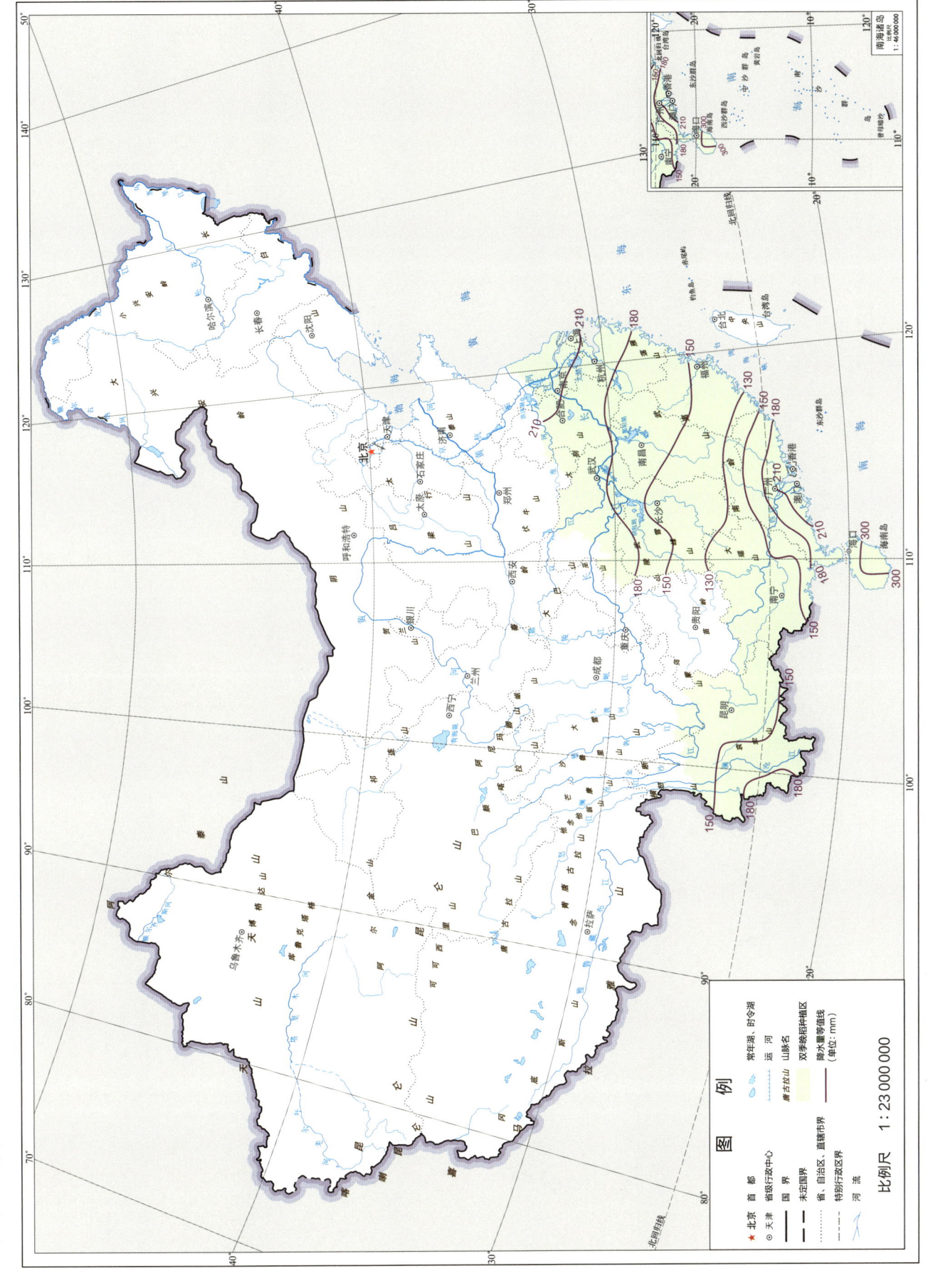
双季晚稻抜节期—开花期降水量

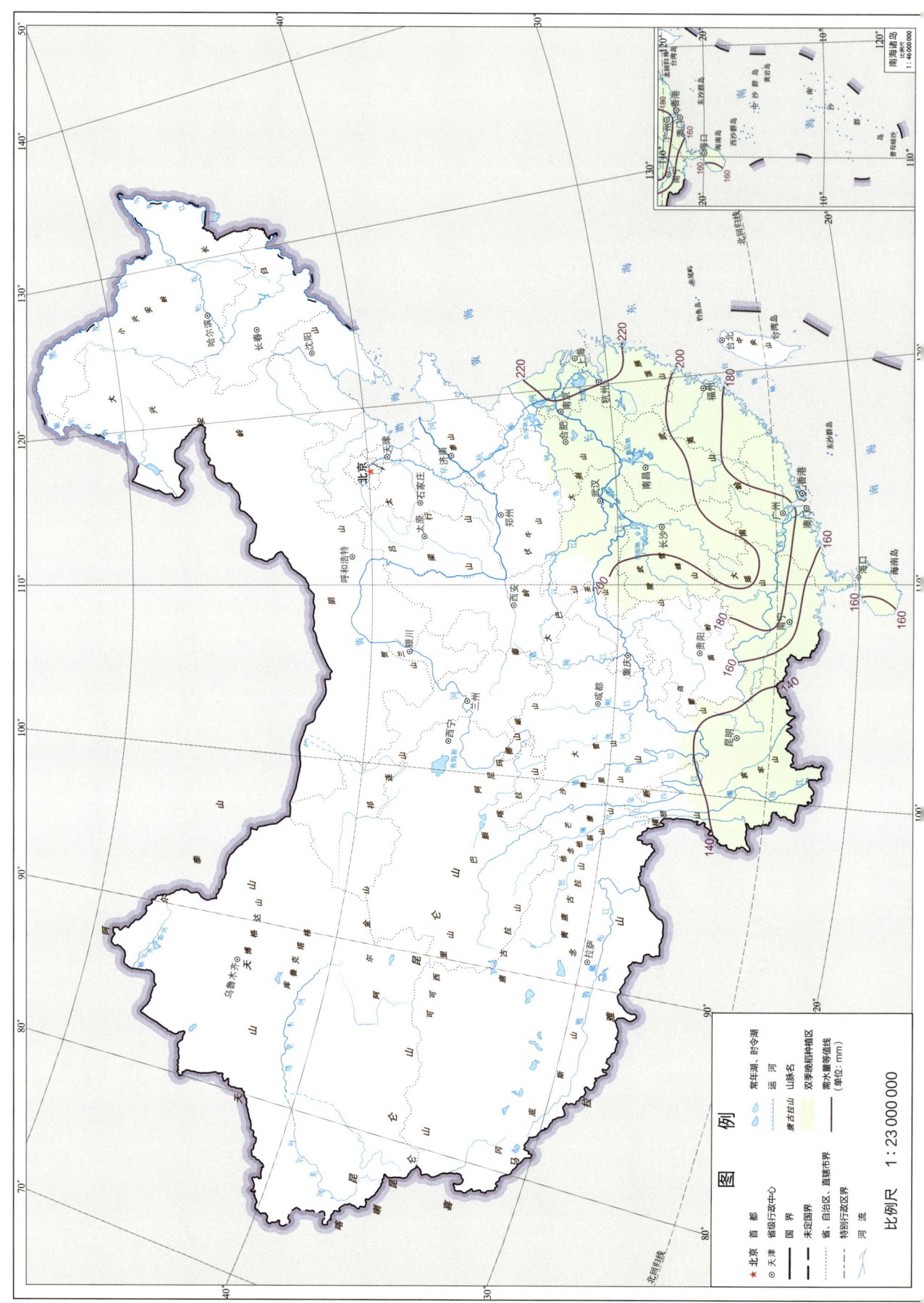

2 双季晚稻

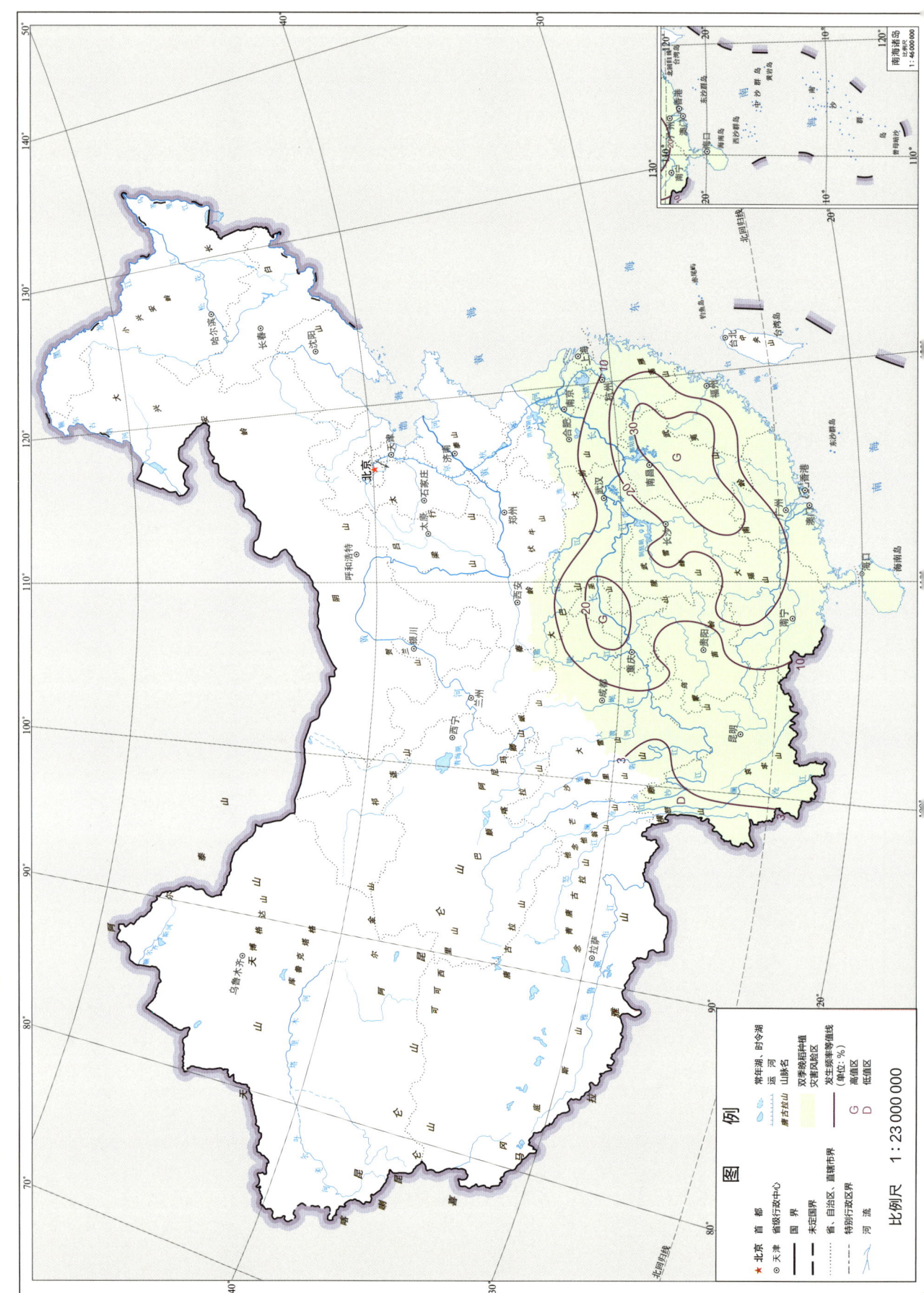

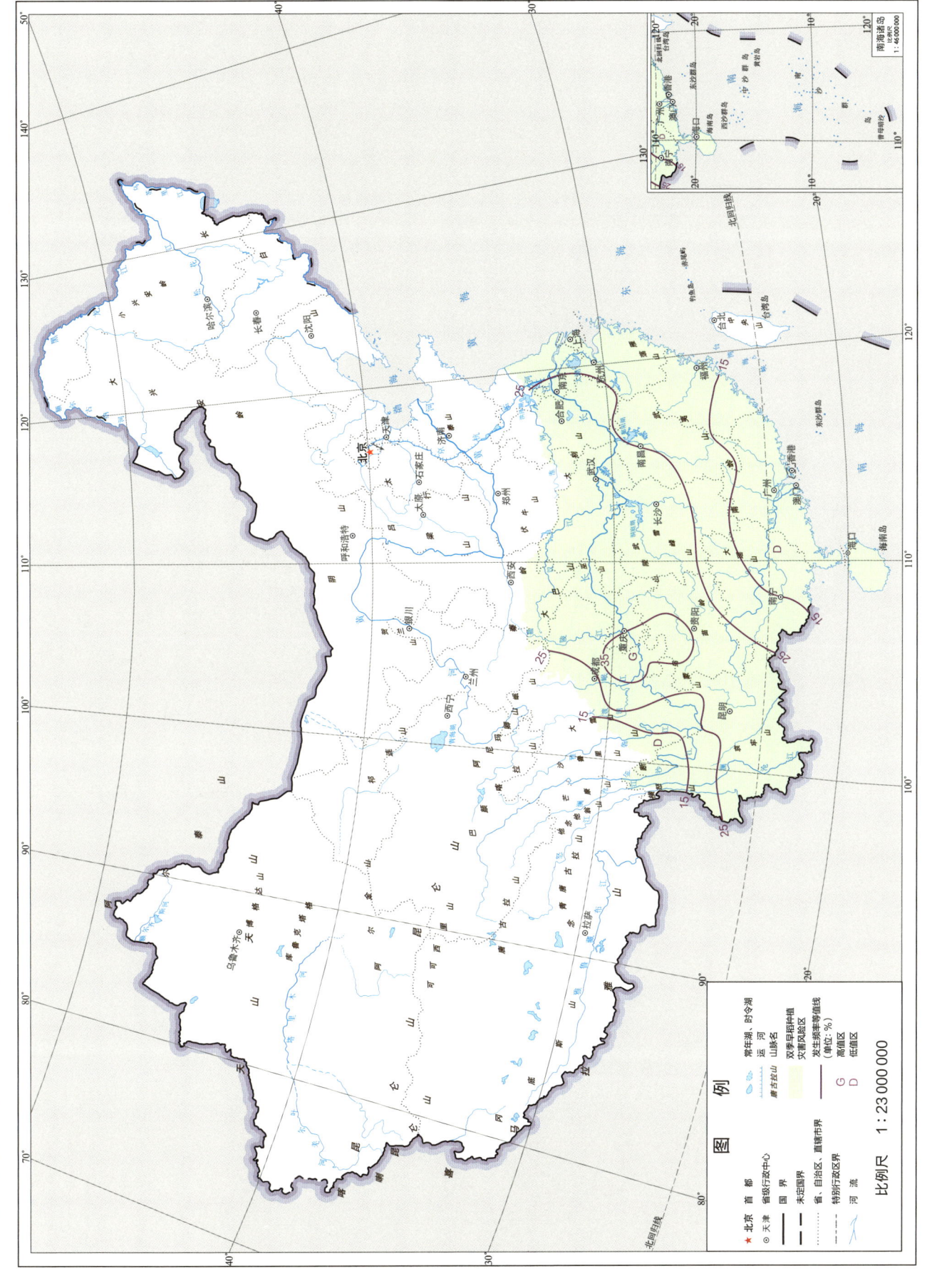

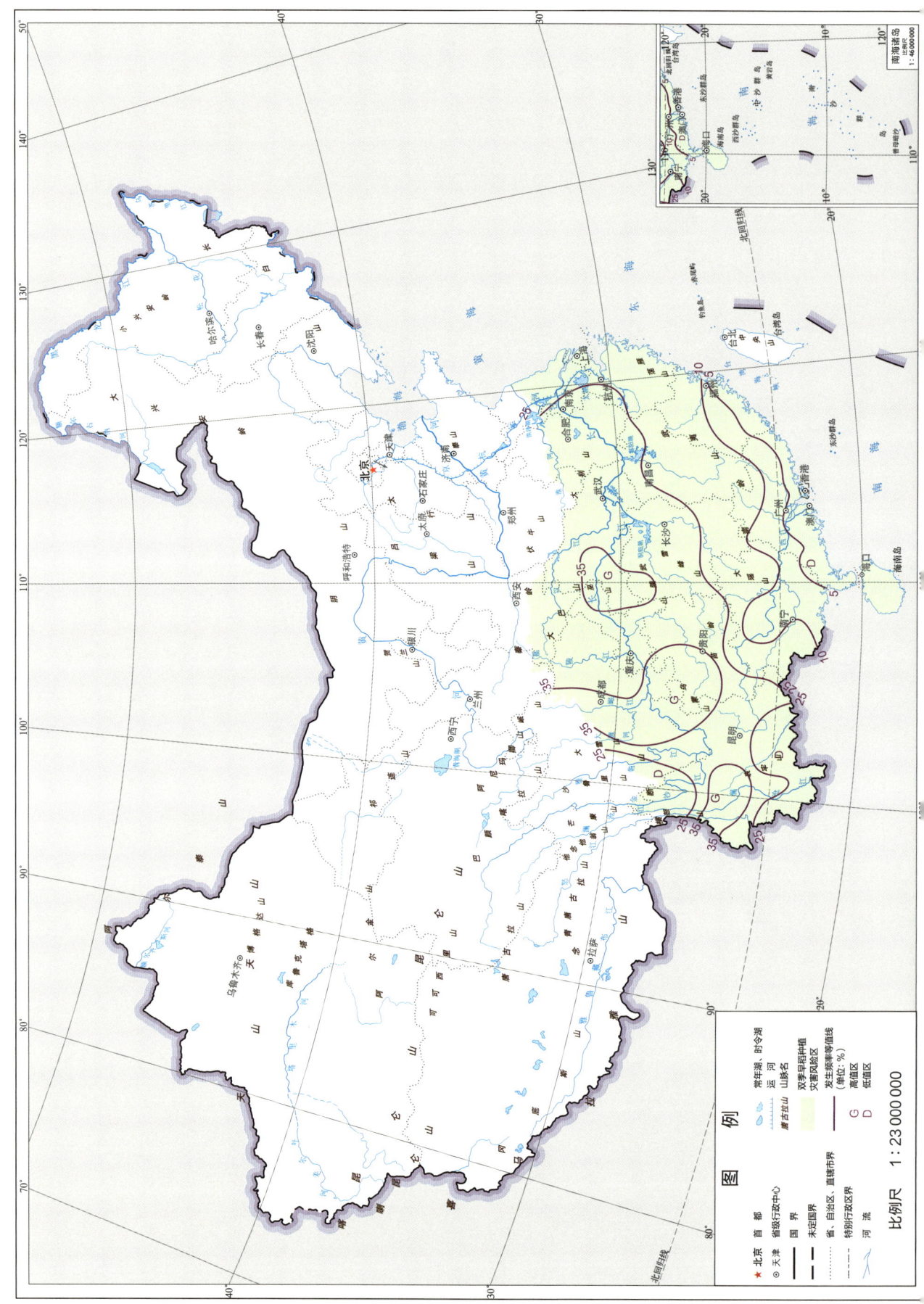

双季晚稻重度湿冷型寒露风发生频率

双季晚稻在全生长期寒露风灾害风险率

图 例

- ★ 北京 首 都
- ◎ 天津 省级行政中心
- —— 国 界
- --- 未定国界
- ····· 省、自治区、直辖市界
- ····· 特别行政区界
- 河 流
- 常年湖、时令湖
- 运 河
- 磨古拉山 山脉名
- 双季晚稻种植灾害风险区
- 发生频率等值线（单位：%）
- G 高值区
- D 低值区

比例尺 1 : 23 000 000

南海诸岛 比例尺 1 : 46 000 000

2 双季晚稻 109

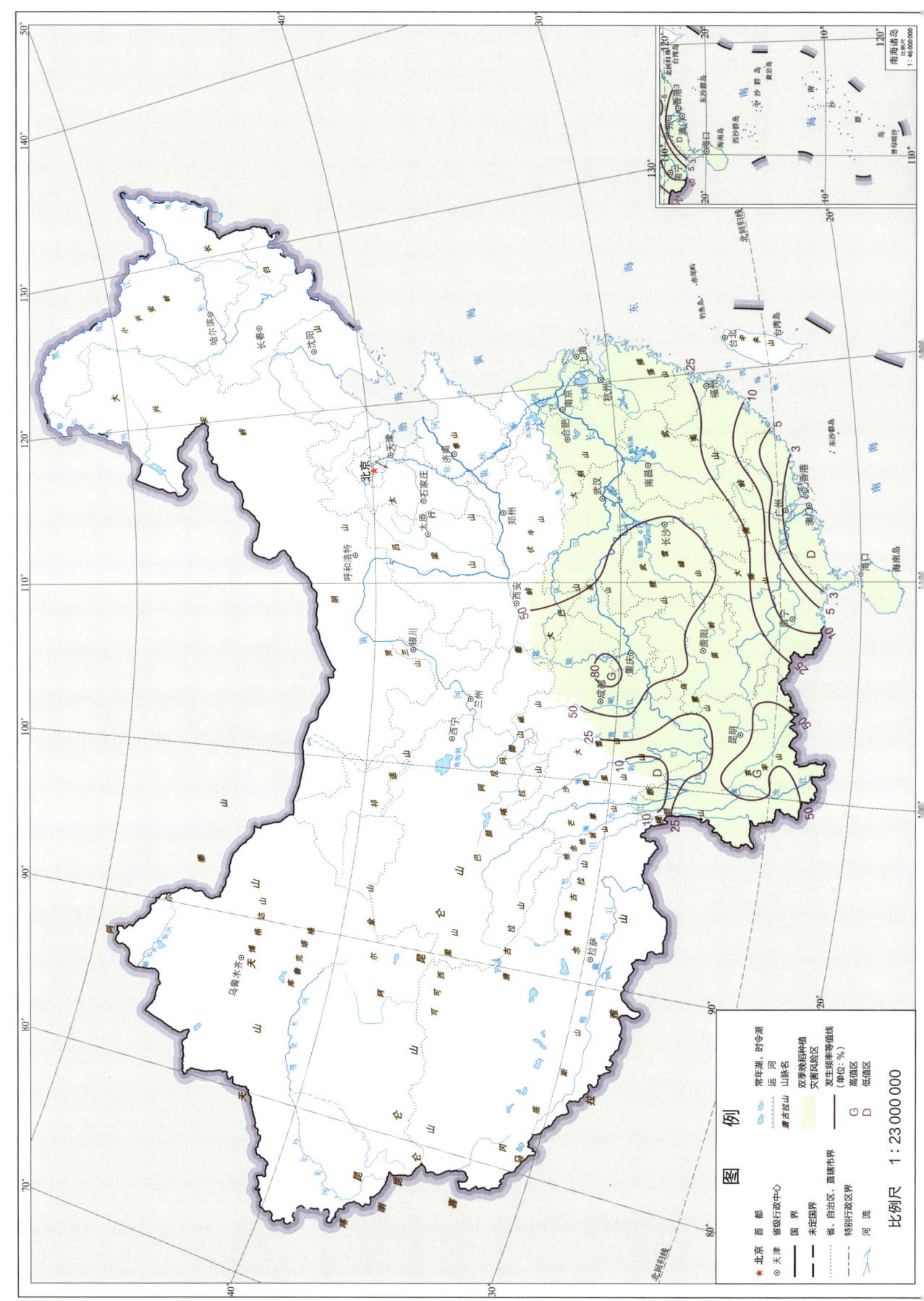

双季晚稻重度干冷型寒露风发生频率

2.3.4 双季晚稻开花期—成熟期水资源

21世纪10年代双季晚稻开花期—成熟期日数大部分地区为30 d左右,种植区最北部最长,为35 d。

水分:种植区内降水量为30~160 mm,从西北向东南沿海逐渐递减,在云南地区由东北向西南逐渐递增,区域平均降水量为80.7 mm。海南的降水量最高,为260 mm左右,云南的降水量＞100 mm。华南大部开花期—成熟期降水量较少,为40~80 mm,降水量不足,对水稻灌浆不利。需水量由中部向周围逐渐增高。江苏、福建、广东和广西南部需水量较高,＞120 mm,海南为130 mm左右;100 mm等值线位于湖南张家界—广西桂林—云南文山一带,是双季晚稻开花期—成熟期需水量最少的地区。降水盈余的地区主要分布在海南,降水盈亏量为140~200 mm。

21世纪10年代双季晚稻开花期—成熟期日数

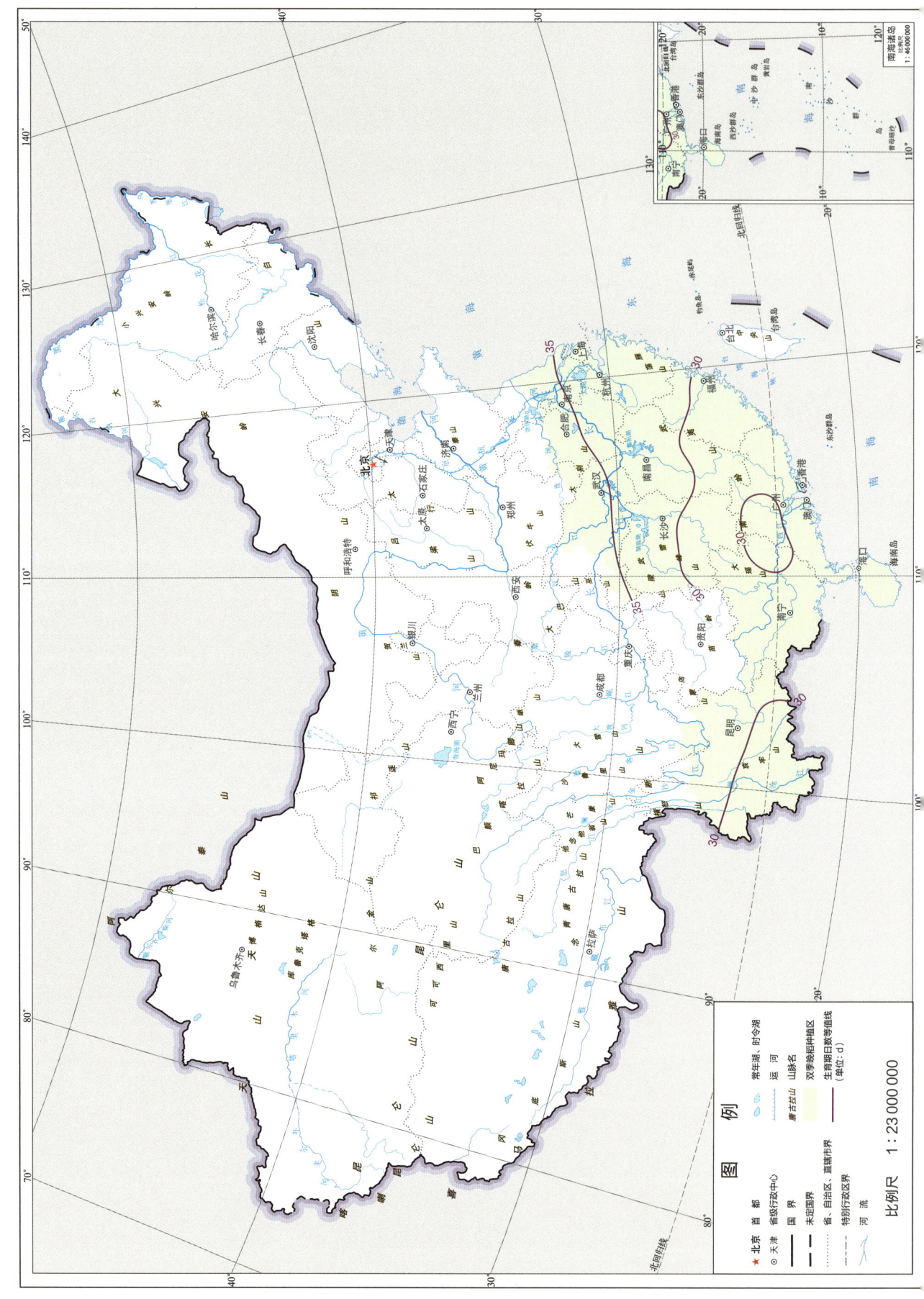

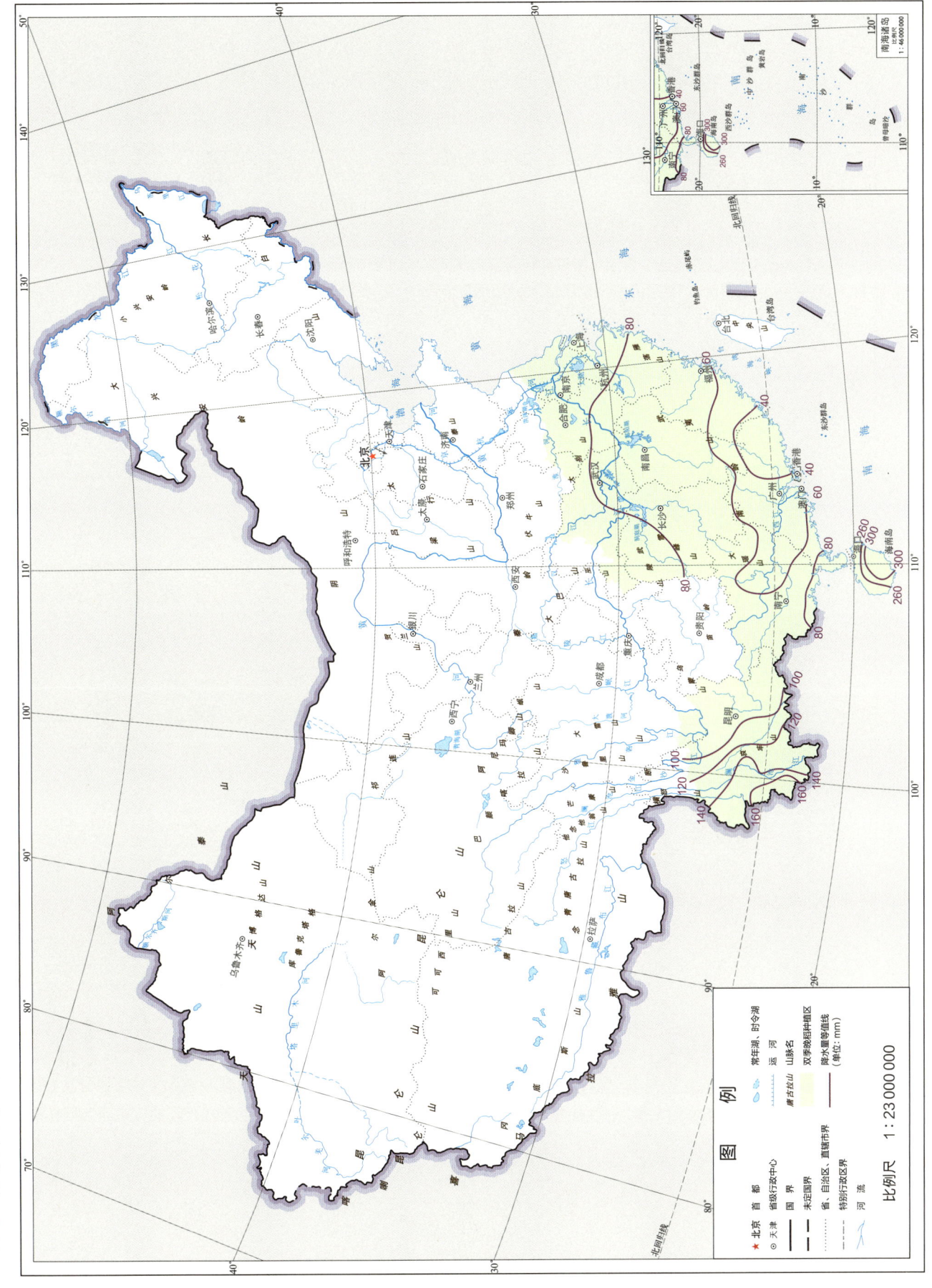

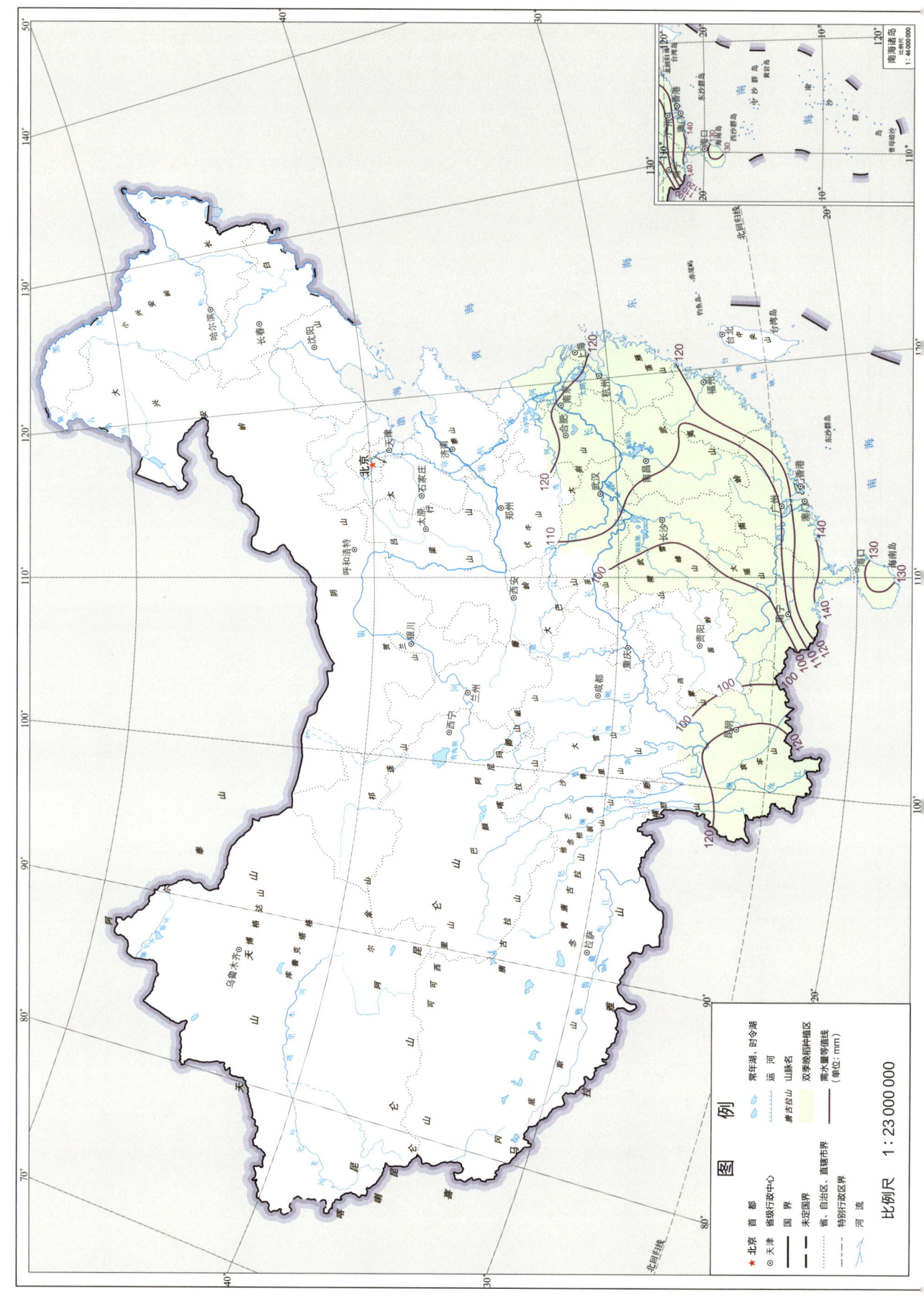

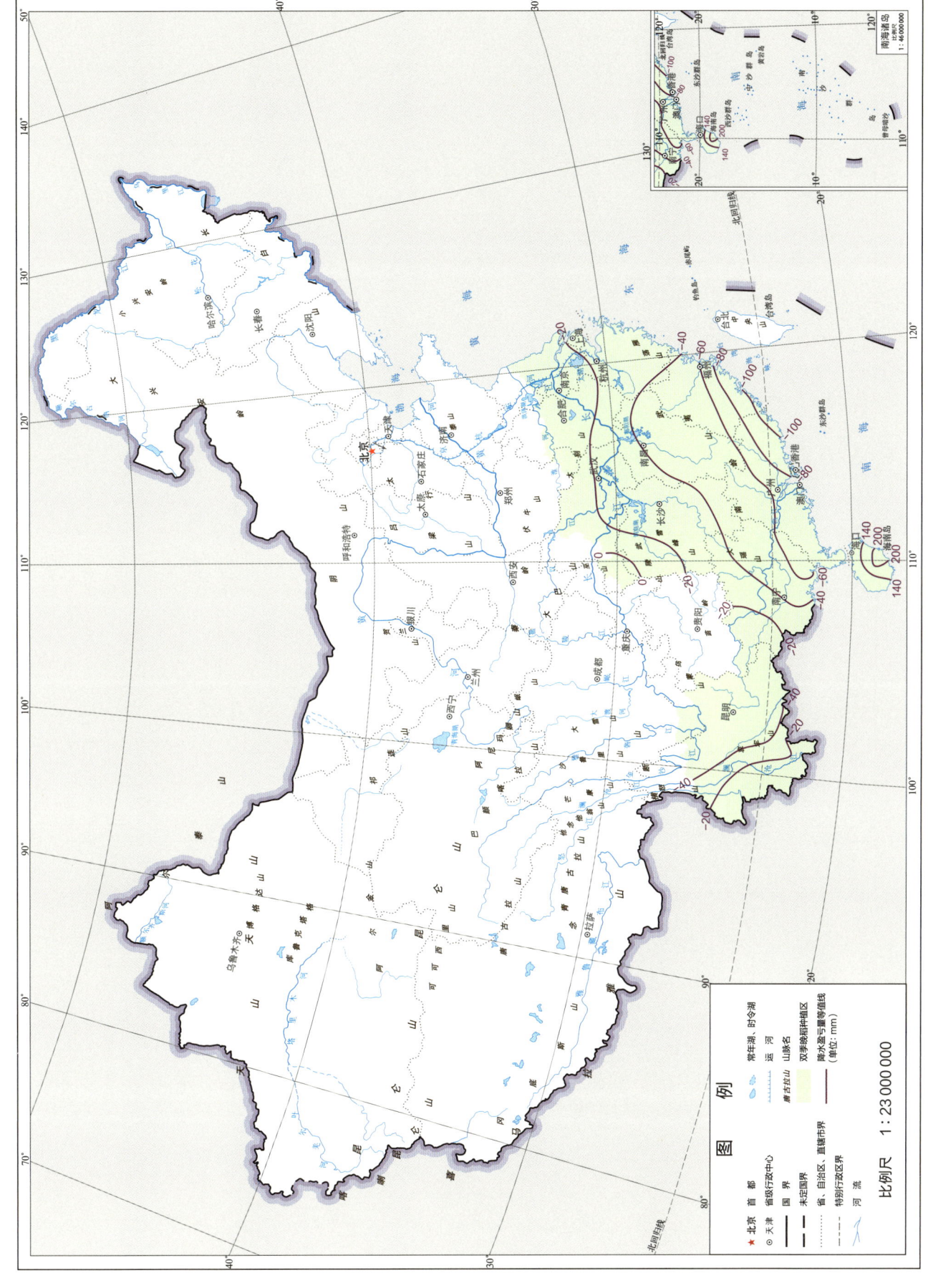

3 | 北方一季稻

北方一季稻主要分布在辽东半岛、长城以北和大兴安岭以东,包括内蒙古东北部、河北北部、黑龙江、吉林、辽宁。

东北地区水稻障碍型冷害主要发生在7月份抽穗开花期,需要关注天气预报,当日平均气温＜17℃时,要提前灌深水,利用水体对受灾部分进行保护。目前,东北地区水稻的耐冷性是品种审定的一票否决指标,障碍型冷害必将在本区域逐步减轻乃至基本消除。但目前主栽品种的更替还没有完成,在实际生产中,由于之前审定的品种存在受灾风险,需要进一步选用耐冷性良好的寒地水稻新品种。

3.1 北方一季稻关键生育期

北方一季稻生育期划分为播种期、移栽期、拔节期、开花期和成熟期。

20世纪80年代，北方一季稻播种期在4月下旬至5月下旬，移栽期在5月下旬至6月下旬，拔节期在7月中旬，抽穗期在7月下旬至8月上旬，成熟期在9月上旬至下旬；21世纪10年代，北方一季稻播种期在4月中下旬，移栽期在5月下旬至6月初，拔节期在7月中下旬，开花期在8月中上旬，成熟期在9月中下旬。总体而言，与20世纪80年代相比，由于气温升高、品种更换及新型农业技术的应用，21世纪10年代北方一季稻生育期呈现逐渐延长的变化趋势：播种期和移栽期明显提前，其中播种期提前10~30 d，移栽期提前10~20 d；拔节期、开花期和成熟期明显延后，其中拔节期和开花期延后5~10 d，成熟期延后10~20 d。

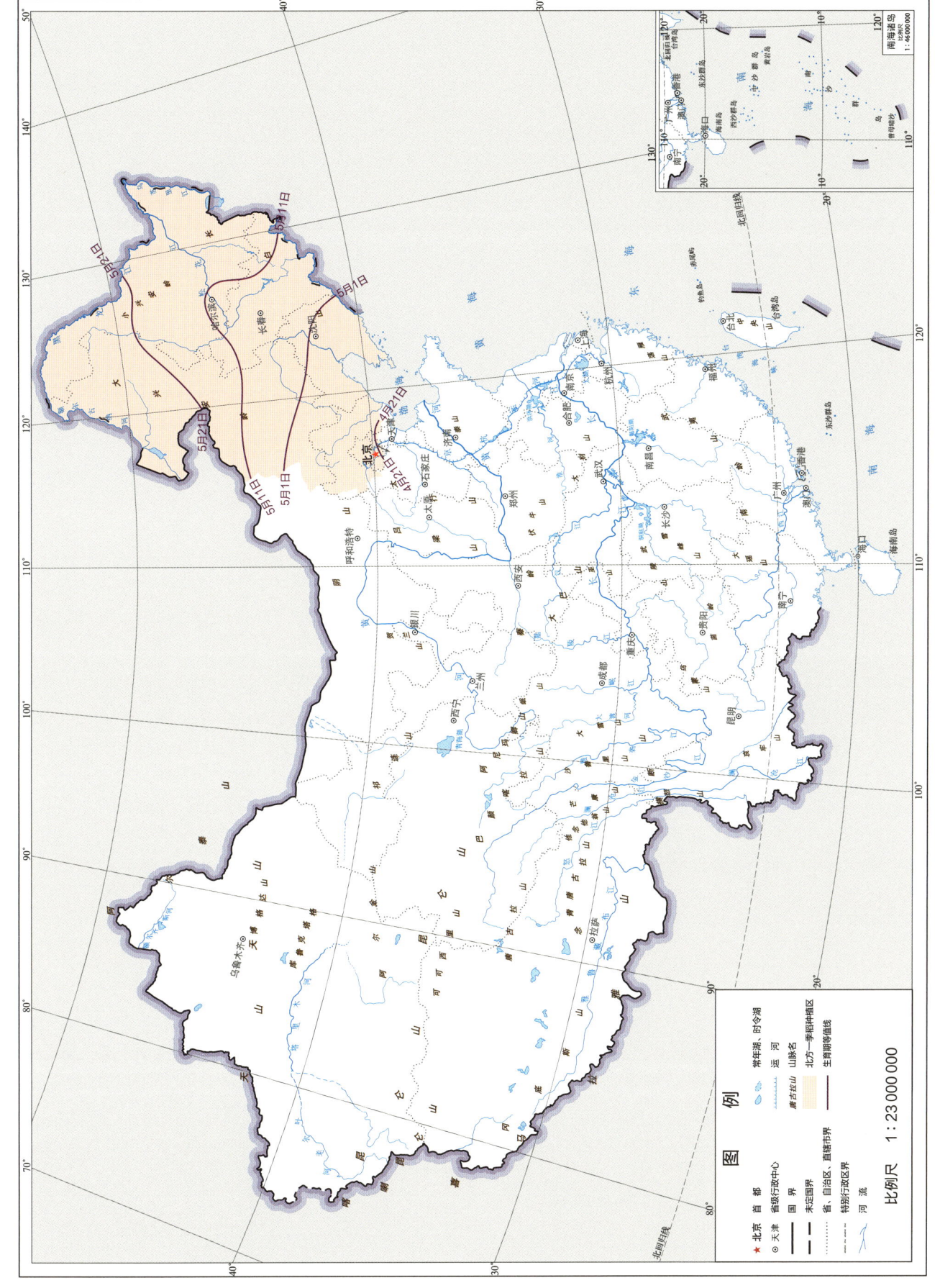

3 北方一季稻

21世纪10年代北方一季稻播种期

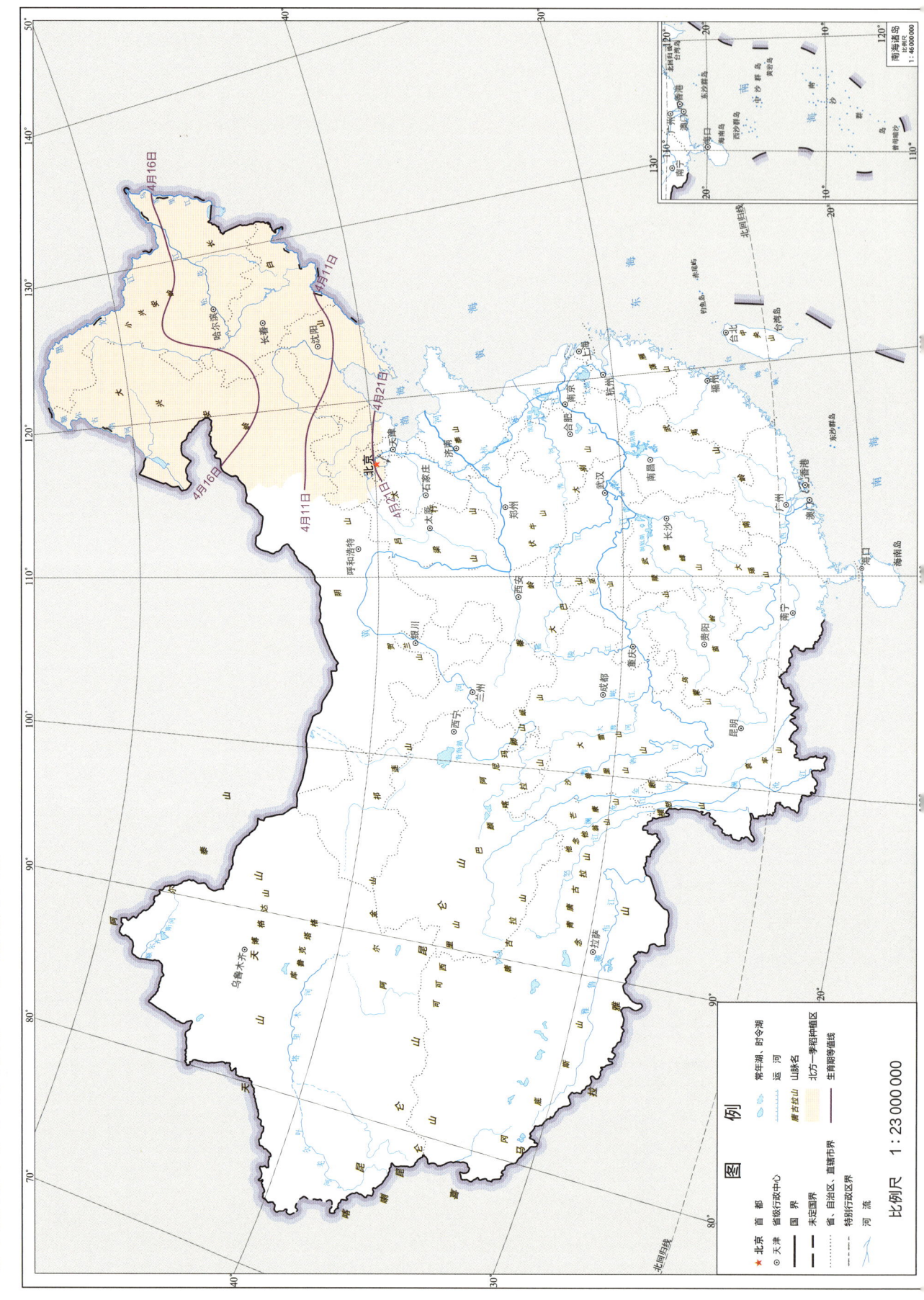

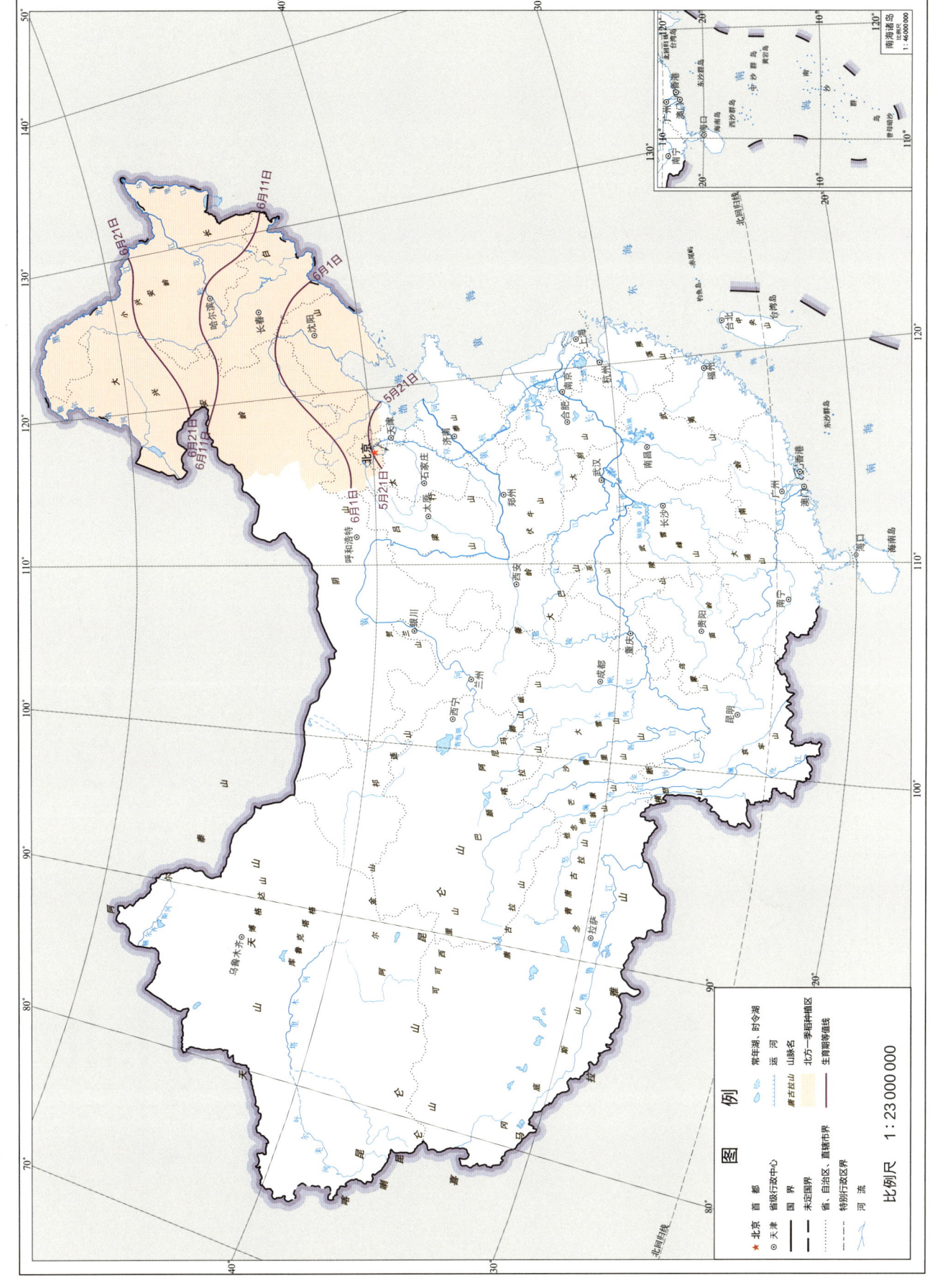

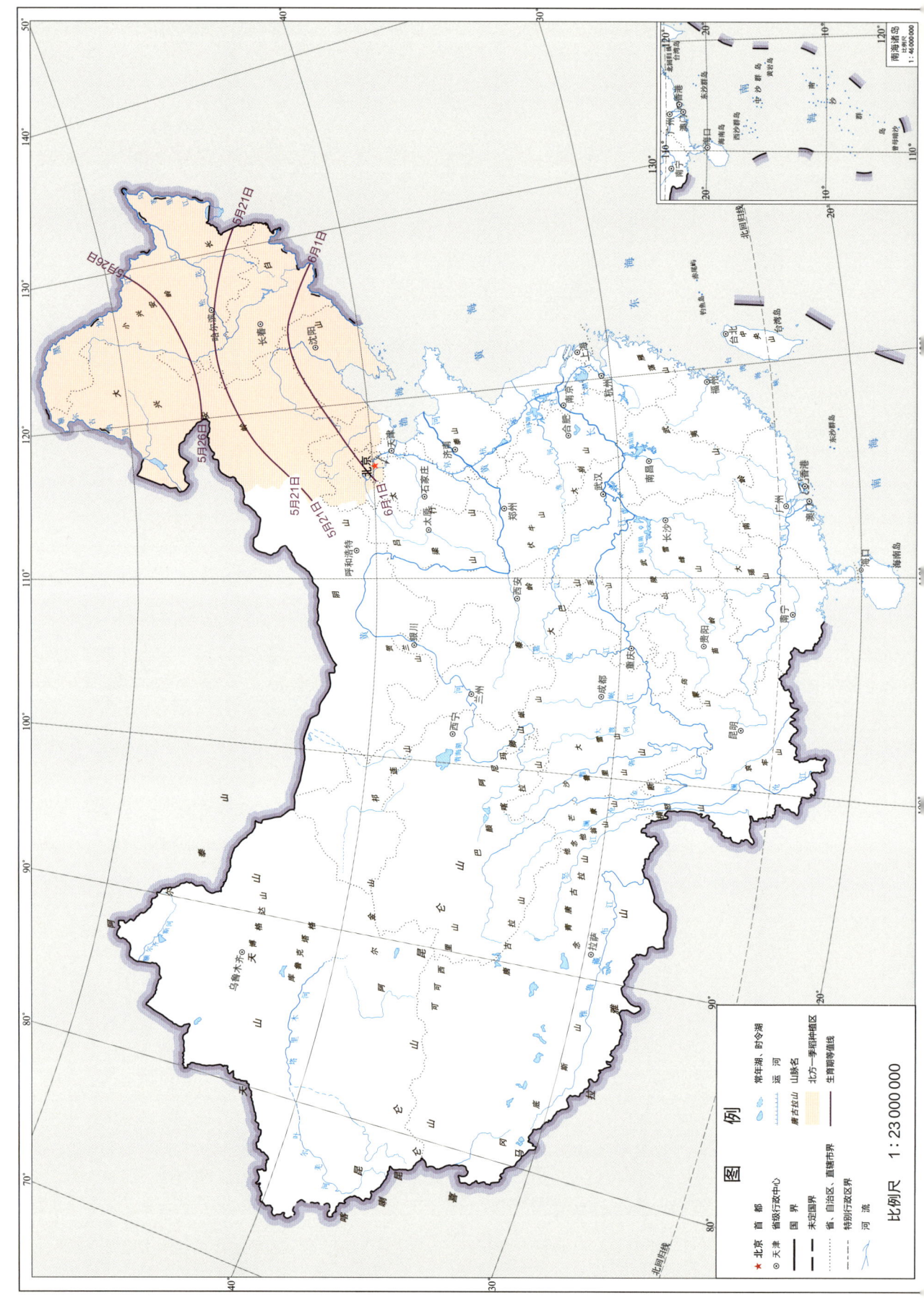

21世纪10年代北方一季稻移栽期

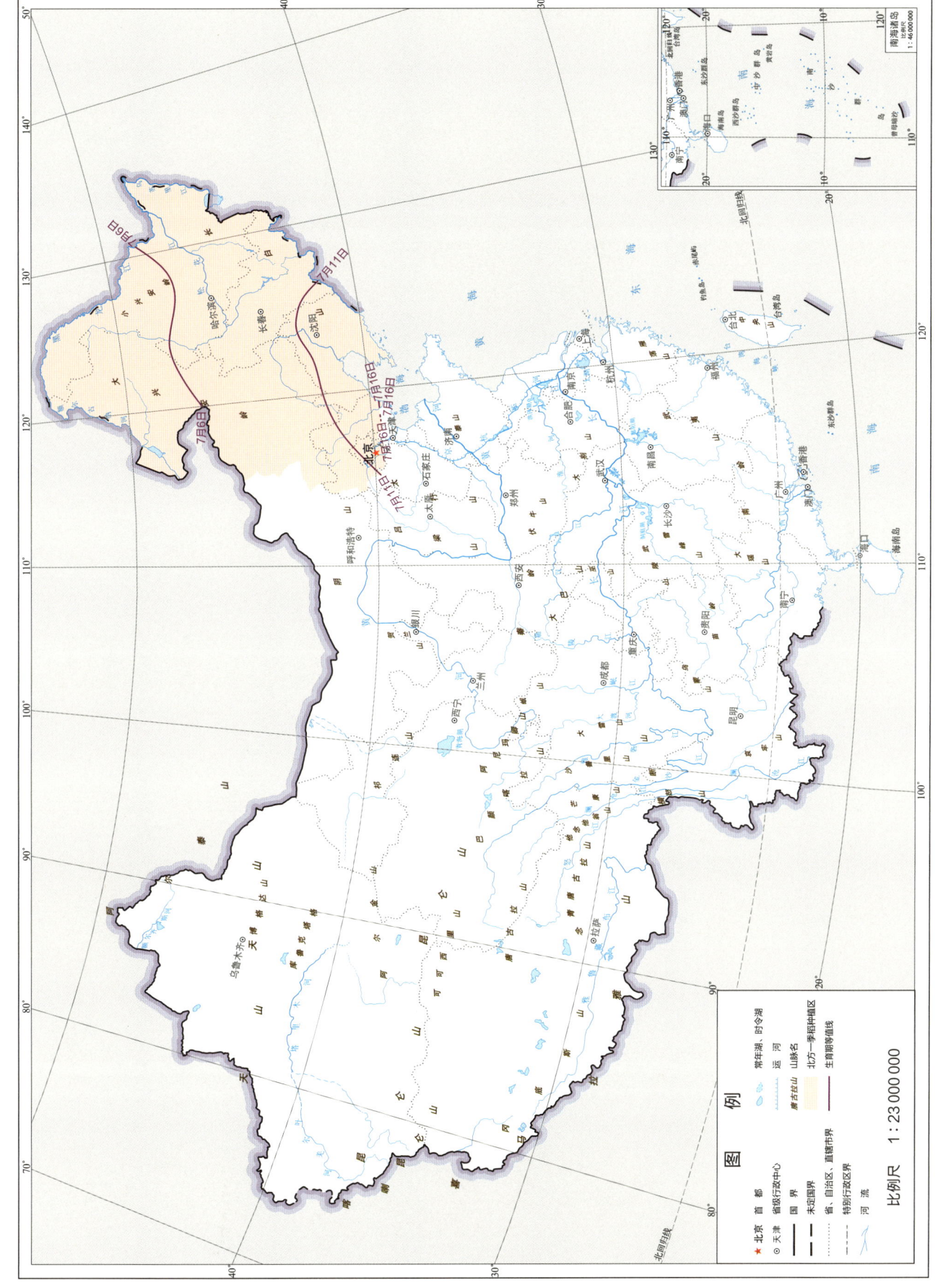

21世纪10年代北方一季稻拔节期

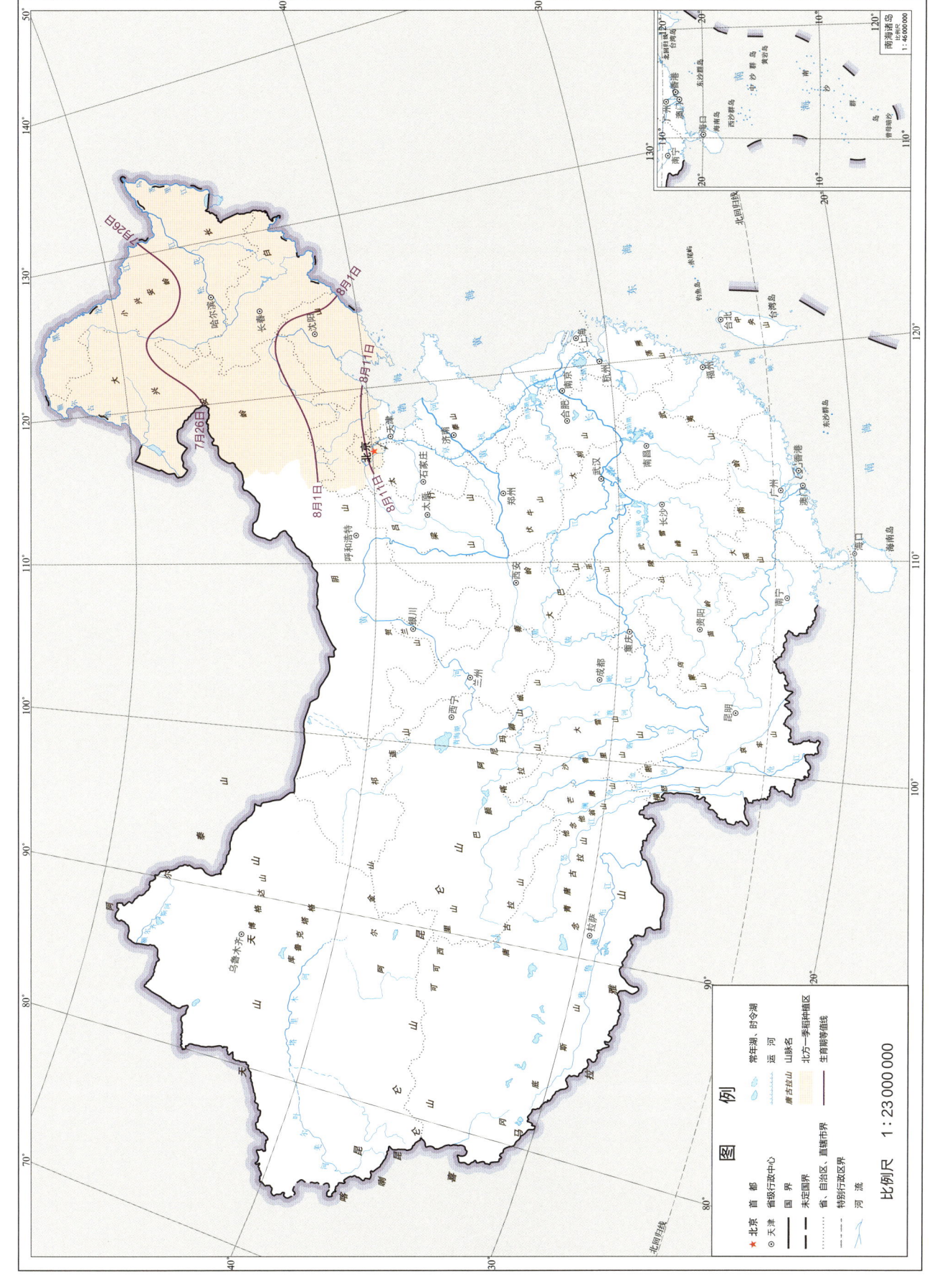

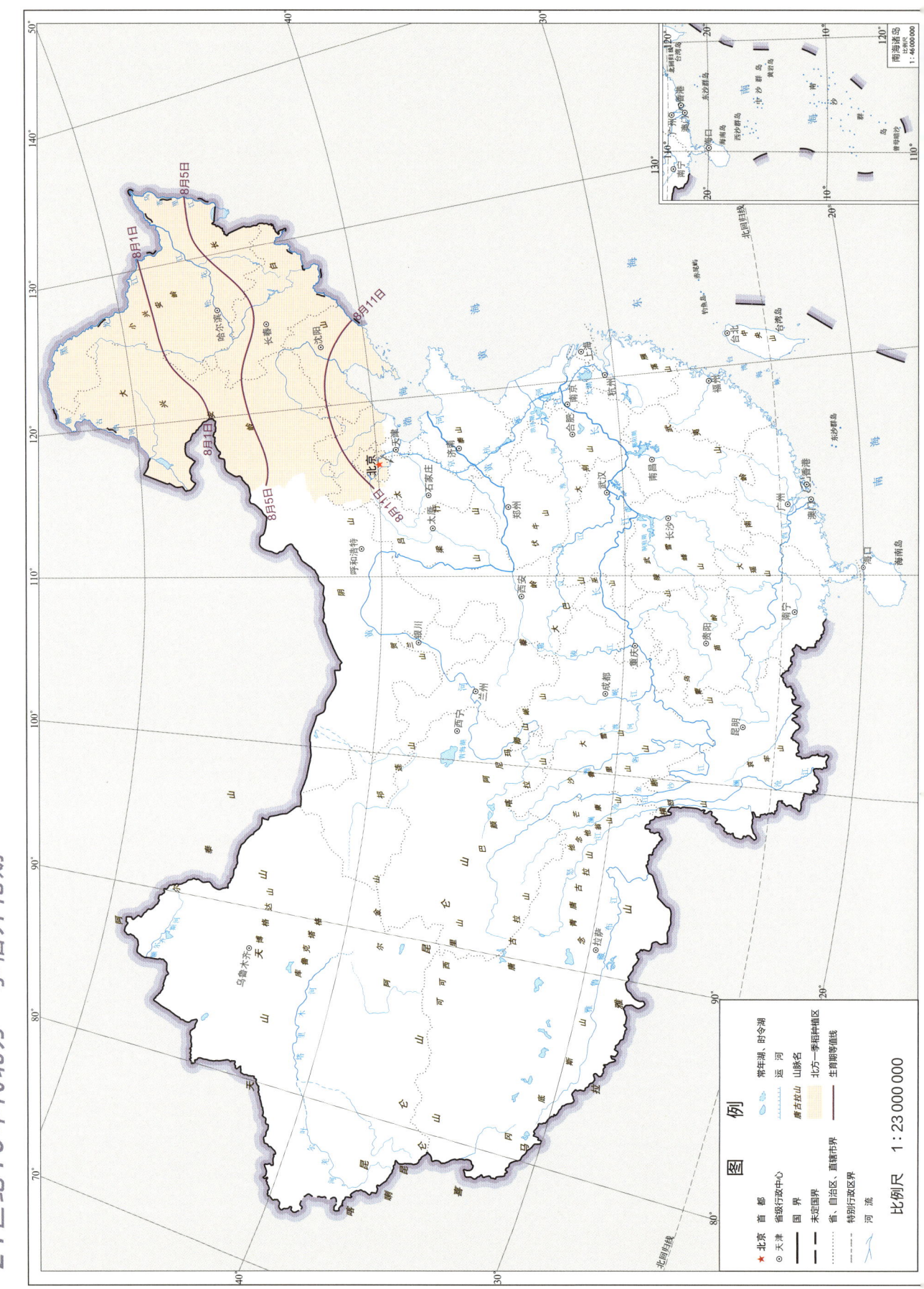

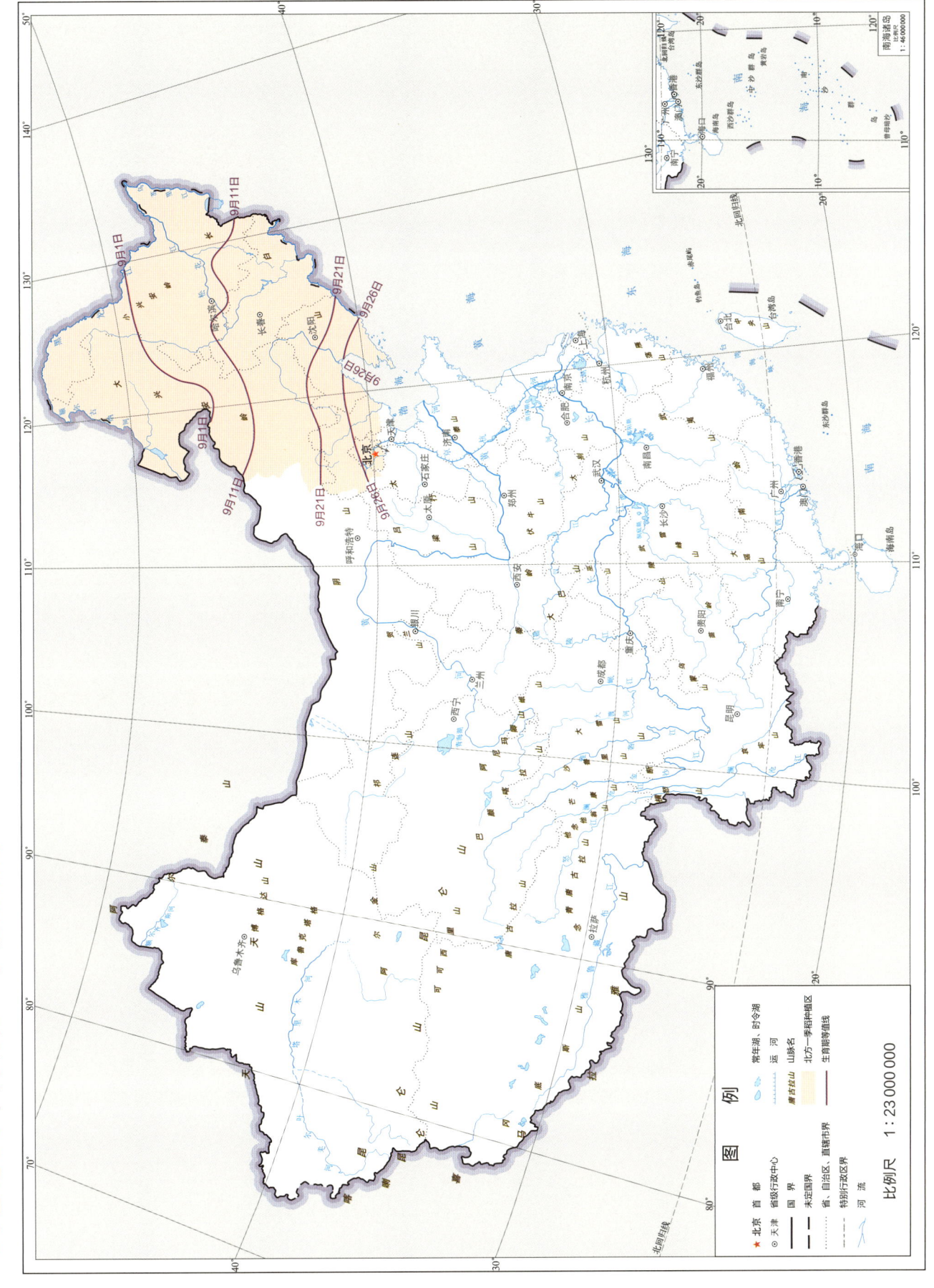

3.2 北方一季稻全生育期光温水资源

北方一季稻播种期—成熟期日照百分率变化范围为40%～66%。从西南向东北逐渐降低，种植区域内，佳木斯—沈阳—长春以东和漠河附近地区的日照百分率均≤55%，日照条件相对较差，向西逐渐递增加至呼伦贝尔附近，>60%。内蒙古东部大部分地区的日照百分率均>60%，日照条件较好。

10℃积温：北方一季稻播种期—成熟期≥10℃积温变化范围为1800～3400℃·d。种植区域内，辽宁南部渤海湾北部地区≥10℃积温最高，中国最北部地区≥10℃积温最低。

15℃积温：北方一季稻播种期—成熟期≥15℃的积温变化范围为1200～3200℃·d，从南向北逐渐降低。种植区域内，≥15℃积温的分布和变化规律与播种期—成熟期≥10℃的积温分布和变化规律基本一致，出现最高积温的地区仍然是辽宁渤海湾北部附近，>3200℃·d；最低积温仍然出现在中国最北部地区，<1200℃·d。

平均气温：北方一季稻播种期—成熟期平均气温变化范围为12～20℃，从南向北逐渐降低。种植区域内，辽宁南部渤海湾北部地区平均气温最高，>20℃。大兴安岭及漠河以北地区平均气温最低，<14℃。

极端最高气温：北方一季稻播种期—成熟期极端最高气温变化范围不大，为21～24℃，由东南向西北逐渐降低。种植区域内，极端最高气温的最大值出现在辽宁省内，>24℃。极端最高气温最小值出现在呼伦贝尔以北地区，<21℃。吉林省的极端最高气温在24℃左右，黑龙江的极端最高气温<24℃。

极端最低气温：北方一季稻播种期—成熟期极端最低气温变化范围为4～16℃。种植区域内，极端最低气温分布变化规律与积温变化规律类似，从东南向西北逐渐降低。极端最低气温最高值出现在辽宁南部渤海湾北部地区，为16℃，最低值出现在中国最北部地区，＜4℃。

光温生产潜力：北方一季稻播种期—成熟期光温生产潜力变化范围不大，为6500～7000 kg/hm^2。辽宁省和吉林省南部较高，≥7000 kg/hm^2，向西北逐渐降低至6500 kg/hm^2。黑龙江省大部分地区均＜7000 kg/hm^2。

降水量：北方一季稻全生育期降水量自西北向东南逐渐递增，区域平均降水量为431.2 mm。吉林白山和辽宁丹东地区降水量最高，＞650 mm，内蒙古东北部降水量最低，＜350 mm。全生育期需水量由东北到西南逐渐递增，区域平均需水量为747.5 mm。需水量最多的区域为内蒙古东北部赤峰、通辽地区的900 mm等值线闭合中心，区域内需水量＞900 mm；全生育期需水量最少的区域为辽宁丹东和大连，＜600 mm。降水盈亏量从西南向东北递增，区域平均降水盈亏量为-317 mm，总体降水不足。吉林抚松—辽宁抚顺—鞍山—岫岩一线为降水盈亏量0 mm等值线，水分供需基本平衡。降水盈亏量200 mm的等值线位于辽宁丹东地区，水分供给充足。

75%降水保证率全生育期降水量总体自西北向东南逐渐递增，区域平均降水量为171.8 mm。最高值出现在吉林通化、辽宁本溪和岫岩地区，＞300 mm；最低值出现在内蒙古呼伦贝尔—扎鲁特—通辽—赤峰—锡林浩特一线地区，为120 mm左右。

75%降水保证率全生育期降水盈亏量总体自西北向东南逐渐递增。吉林通化—辽宁本溪—岫岩一线为降水盈亏量0 mm等值线，水分供需基本平衡。

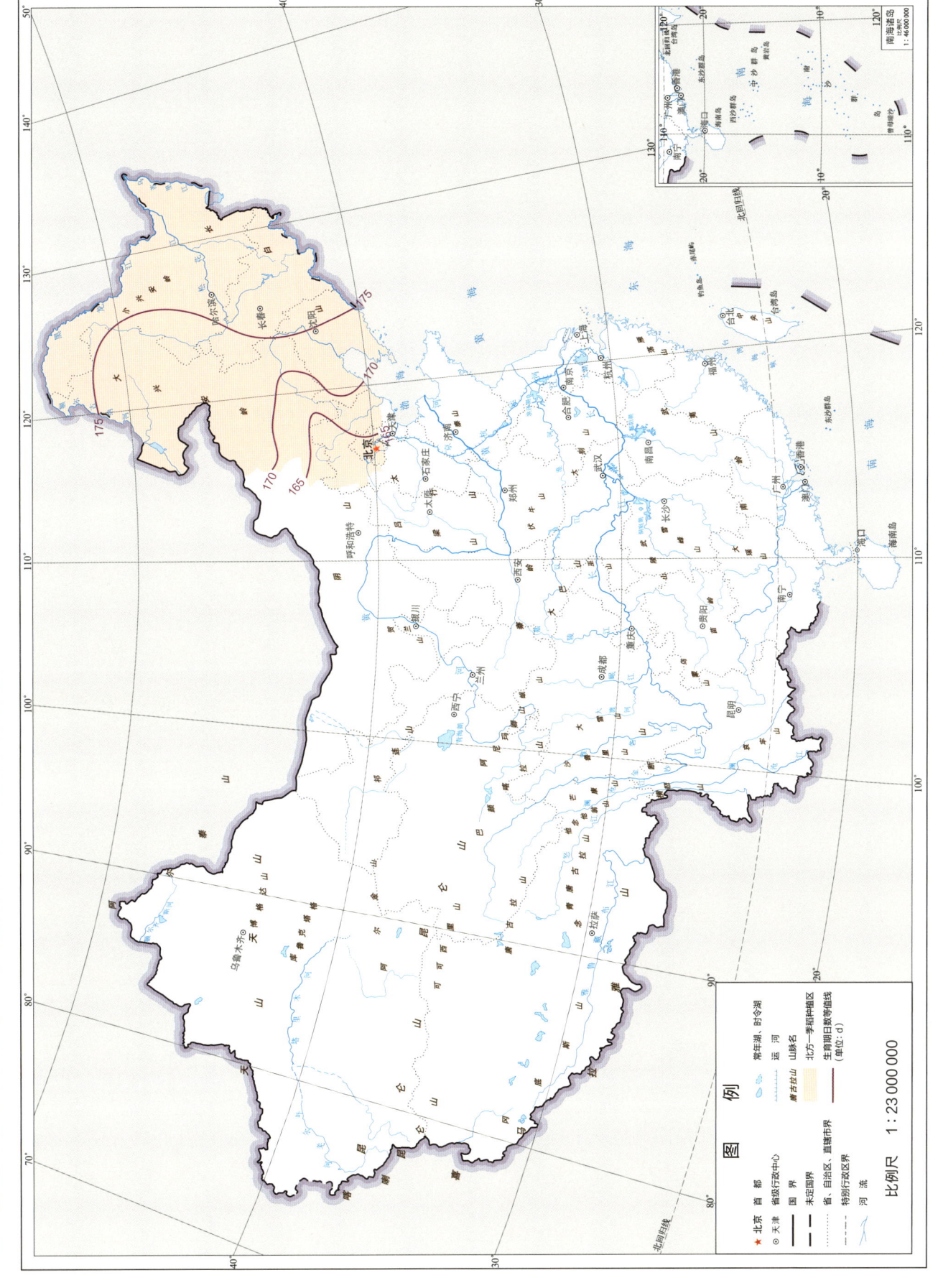

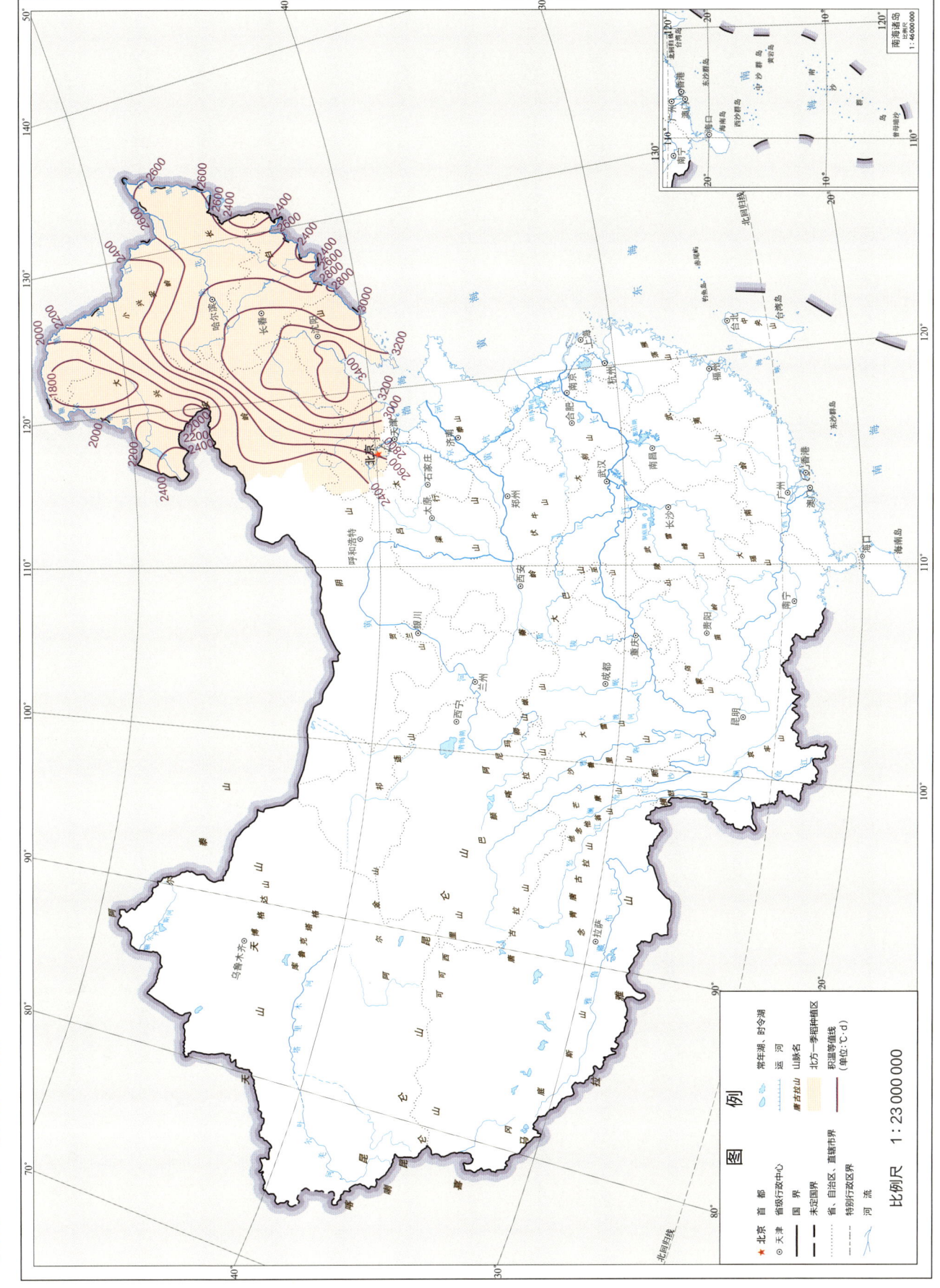

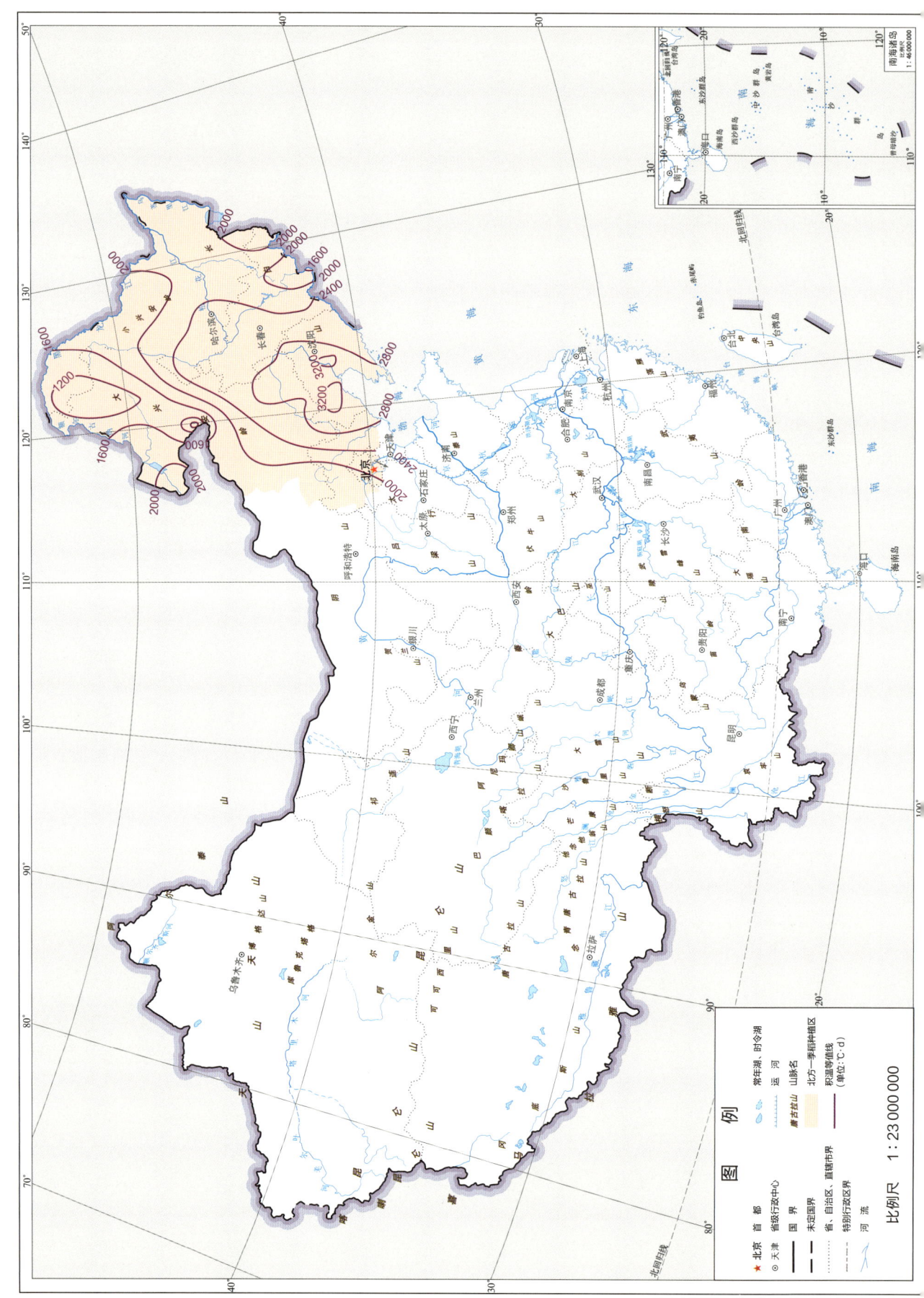

北方一季稻播种期—成熟期平均气温

3 北方一季稻

北方一季稻播种期—成熟期极端最高气温

北方一季稻种植和成熟期积温图

图例

- ★ 北京 首都
- ⊙ 天津 省级行政中心
- 国界
- 未定国界
- 省、自治区、直辖市界
- 特别行政区界
- 河流
- 常年湖、时令湖
- 廖古雪山 山脉名
- 北方一季稻种植区
- 气温等值线（单位：℃）

比例尺 1:23 000 000

3 北方一季稻

北方一季稻播种期—成熟期降水量分布图

图例
- ★ 北京 首都
- ◎ 天津 省级行政中心
- —— 国界
- --- 未定国界
- ······ 省、自治区、直辖市界
- ······ 特别行政区界
- 河流
- 常年湖、时令湖
- 运河
- 山脉名
- 北方一季稻种植区
- 降水量等值线（单位：mm）

比例尺 1:23 000 000

3 北方一季稻

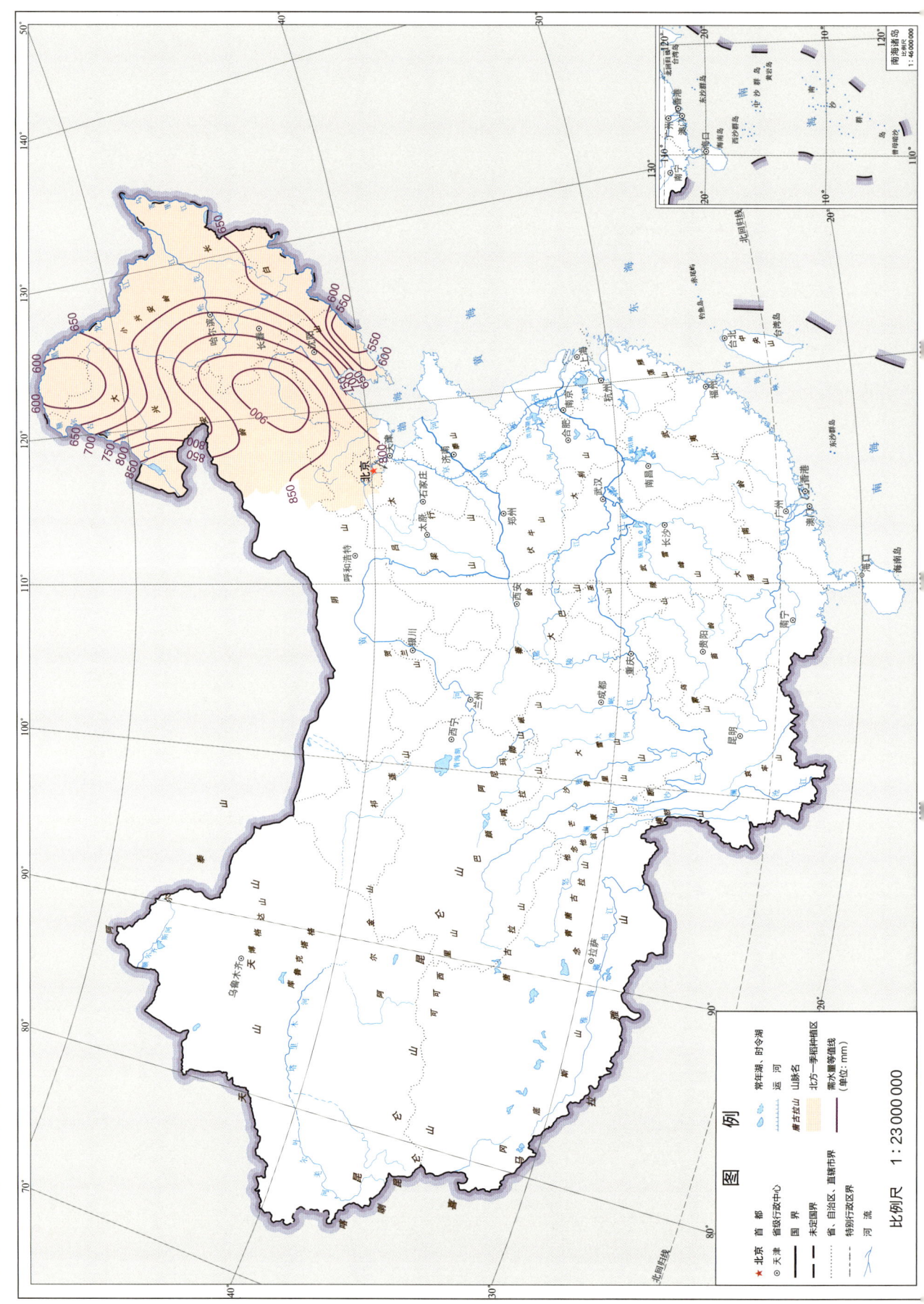

北方一季稻抽穗期—成熟期水盛 5 毫里

图 例

- ★ 北京　首都
- ◎ 天津　省级行政中心
- ── 国 界
- ─·─ 未定国界
- ─··─ 省、自治区、直辖市界
- ········ 特别行政区界
- 〜 河 流
- 〜 常年湖、时令湖
- ⌒ 喀斯拉山　山脉名
- （浅色填充）北方一季稻种植区
- ── 降水盈亏量等值线（单位：mm）

比例尺 1:23 000 000

3　北方一季稻　141

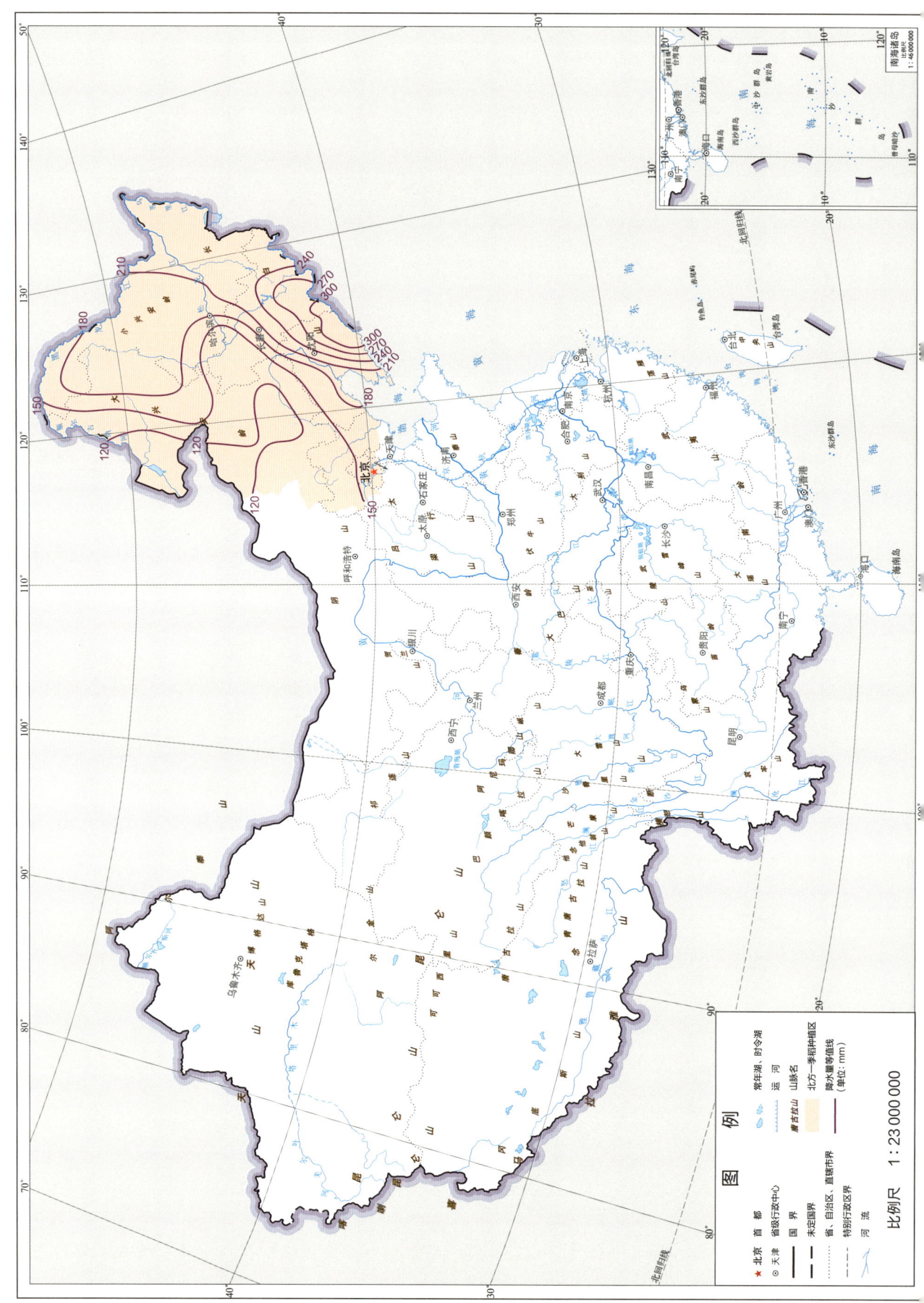

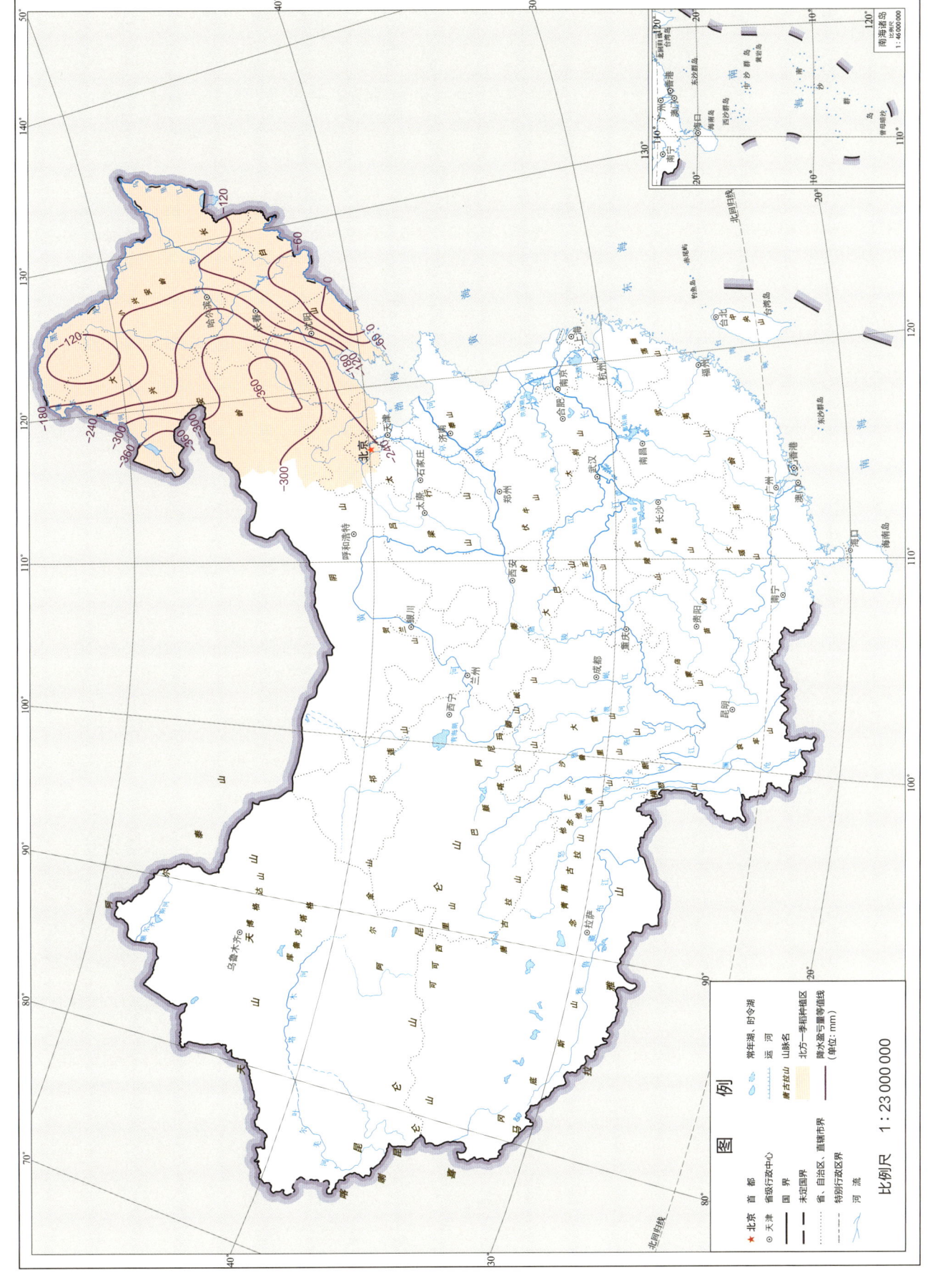

3 北方一季稻

75%降水保证率北方一季稻播种期—成熟期降水盈亏量

3.3 北方一季稻各生育期水资源及灾害

3.3.1 北方一季稻播种期—移栽期水资源

21世纪10年代，北方一季稻播种期开始日期与20世纪80年代相比整体提前20 d左右，大部分地区在4月中旬开始播种，各地区播种日期相差1个星期左右。21世纪10年代，北方一季稻播种期—移栽期日数在50 d左右，自北向南逐渐减少，河北北部和内蒙赤峰地区为45 d。

水分：北方一季稻播种期—移栽期降水量自西北向东南逐渐递增，区域平均降水量为49.7 mm。吉林白山和辽宁丹东地区降水量最高，>90 mm，内蒙古东北部降水量最低，<30 mm。需水量由东北到西南逐渐递增，区域平均需水量为191.3 mm。内蒙古乌兰浩特—赤峰—辽宁锦州—铁岭—吉林松原附近240 mm等值线闭合中心为需水量高值区，区域内需水量>240 mm；黑龙江漠河地区需水量最低，<140 mm。降水盈亏量由西南到东北递增，区域平均降水盈亏量为-141 mm，总体降水不能完全满足生产需要。内蒙古通辽—吉林通榆—白城—内蒙古乌兰浩特—科尔沁右翼中旗存在-210 mm等值线闭合中心为降水亏缺最严重地区。辽宁丹东地区降水盈亏量为-60 mm，降水亏缺情况相对缓和。

北方一季稻播种期—移栽期日数

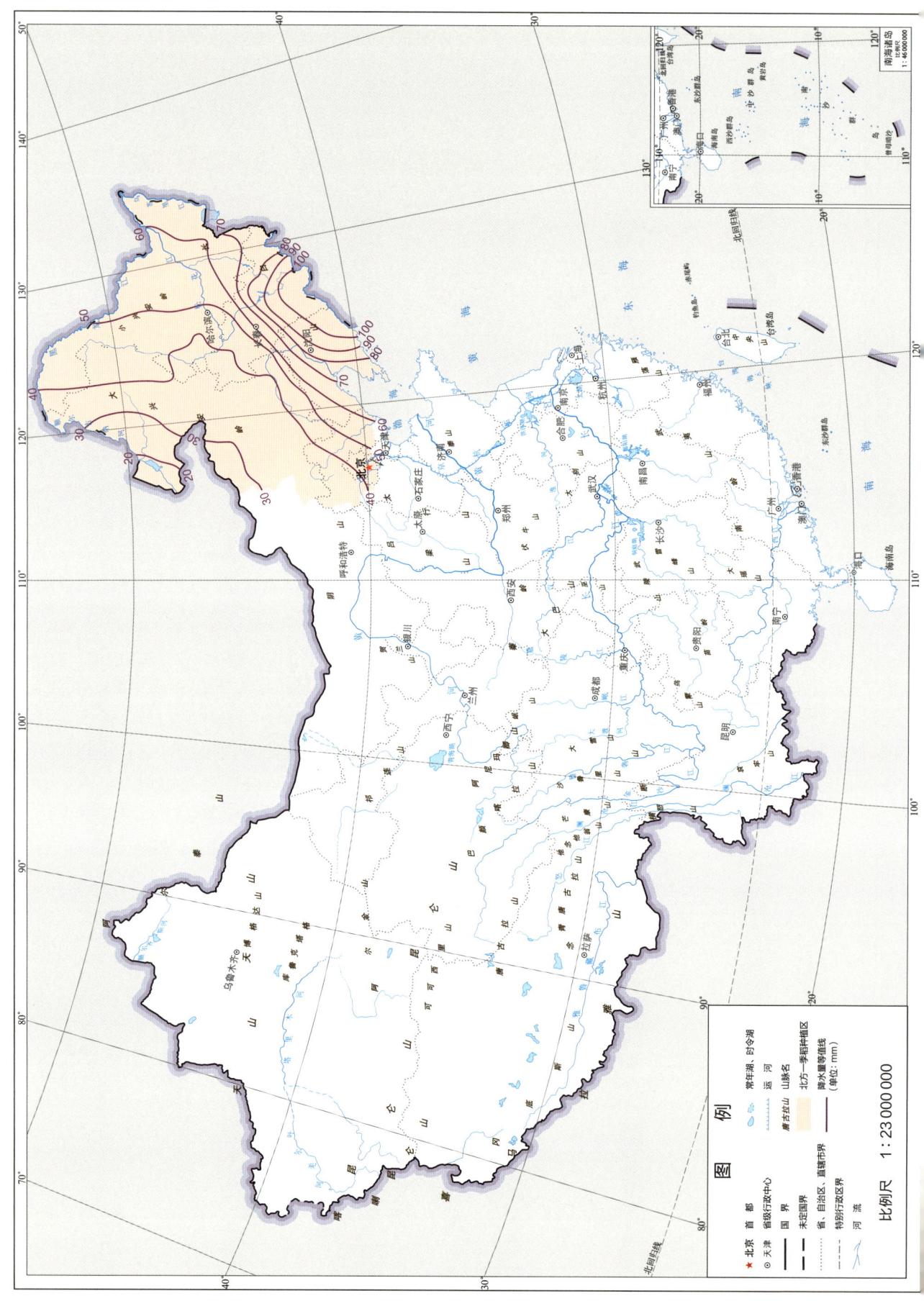

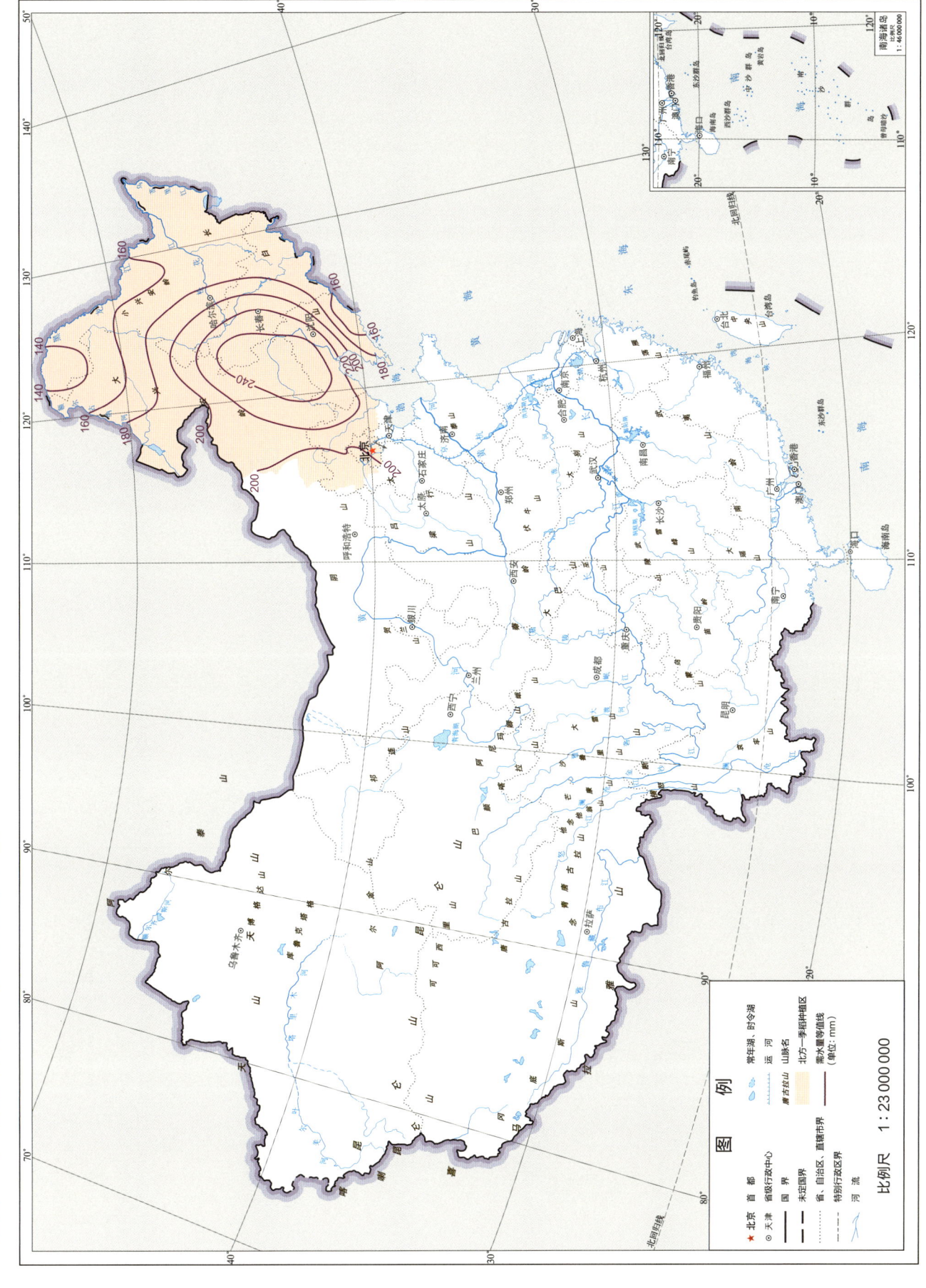

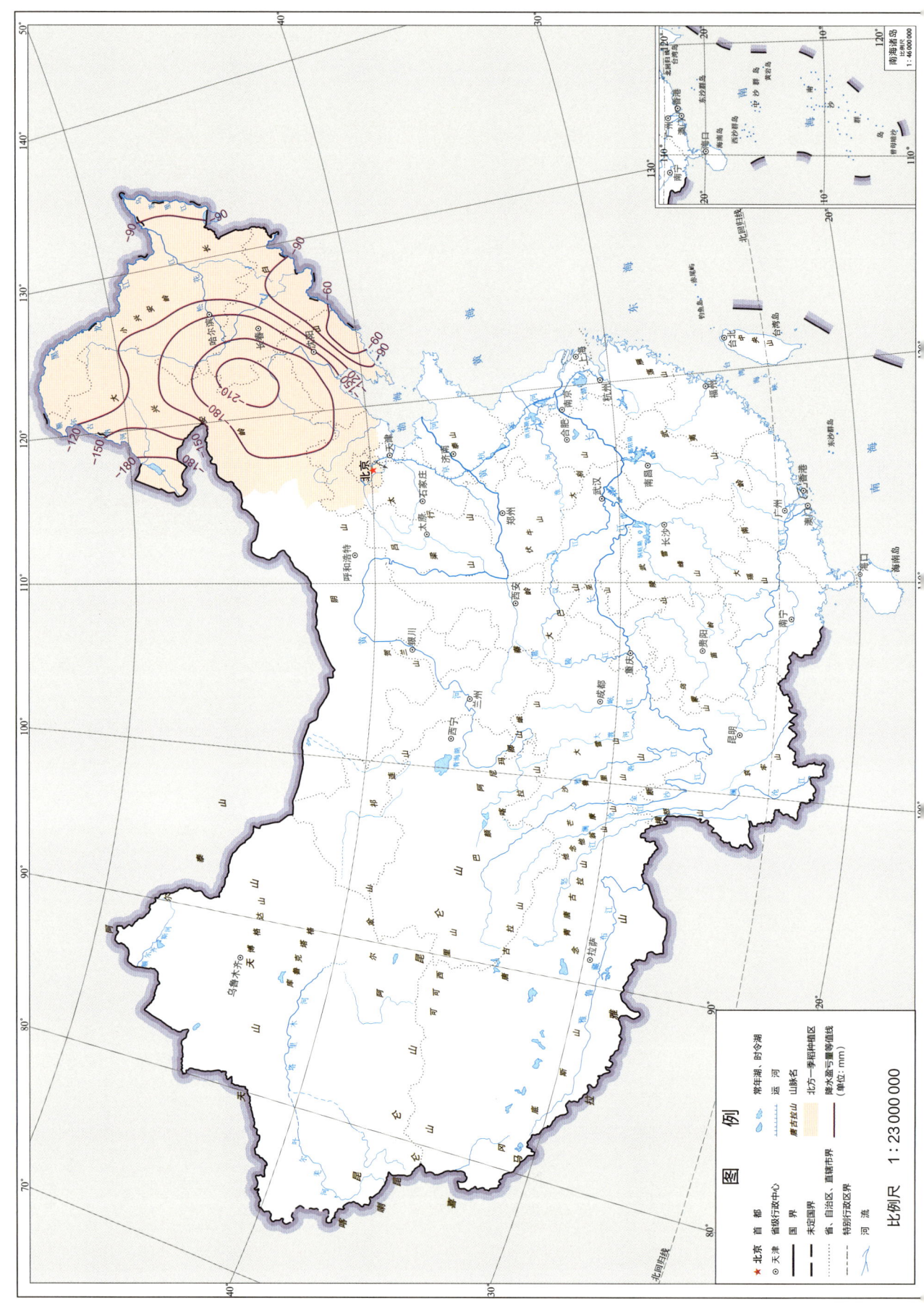

3.3.2 北方一季稻移栽期—拔节期水资源

21世纪10年代,北方一季稻移栽期—拔节期日数为50~60 d,大兴安岭北部—齐齐哈尔—沈阳一线最短,为50 d,向东向西逐渐增加到55 d和60 d。

水分:北方一季稻移栽期—拔节期降水量自西北向东南逐渐递增,区域平均降水量为157.2 mm。吉林长白山和辽宁丹东地区降水量最高,>240 mm;黑龙江与吉林、内蒙古交界处存在140 mm的降水量最低值闭合中心,区域内移栽—拔节期降水量<140 mm。需水量由东北向西南逐渐递增,区域平均需水量为298 mm。内蒙古霍林郭勒—通辽—赤峰一线为360 mm的等值线,区域内需水量最高,>360 mm。黑龙江漠河、吉林长白山和辽宁丹东地区需水量最低,<240 mm。降水盈亏量由西南向东北逐渐递增,区域平均降水盈亏量为-142.8 mm。内蒙古通辽—库伦—奈曼—开鲁旗形成的-250 mm等值线闭合中心为最严重降水亏缺地区;吉林抚松—辽宁抚顺—鞍山—岫岩一线为降水盈亏量0 mm等值线,水分供需基本平衡。降水盈亏量50 mm的等值线位于辽宁丹东地区,水分供给盈余。

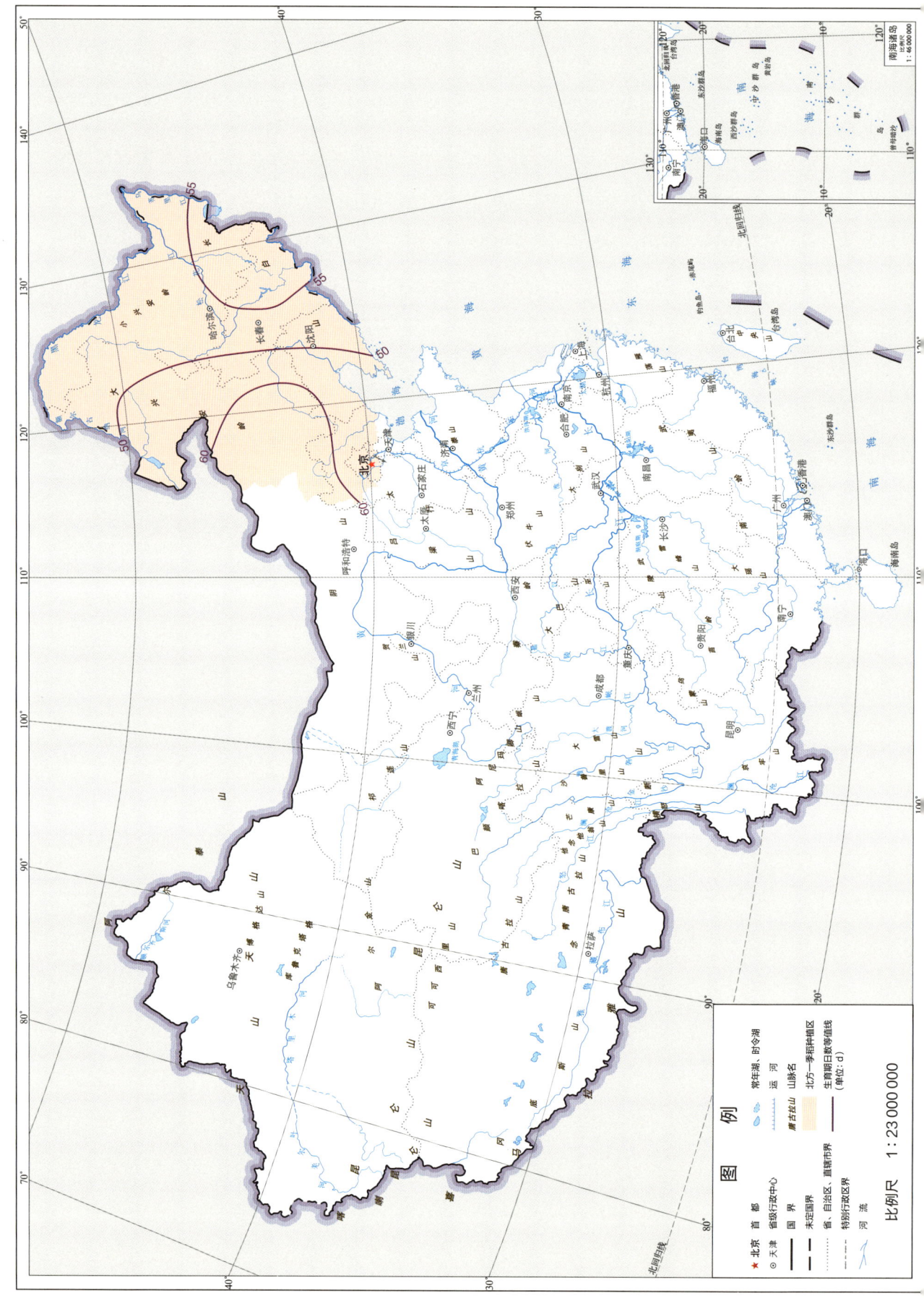

北方一季稻移栽期—拔节期日数

北方一季稻移栽期—收获期降水量

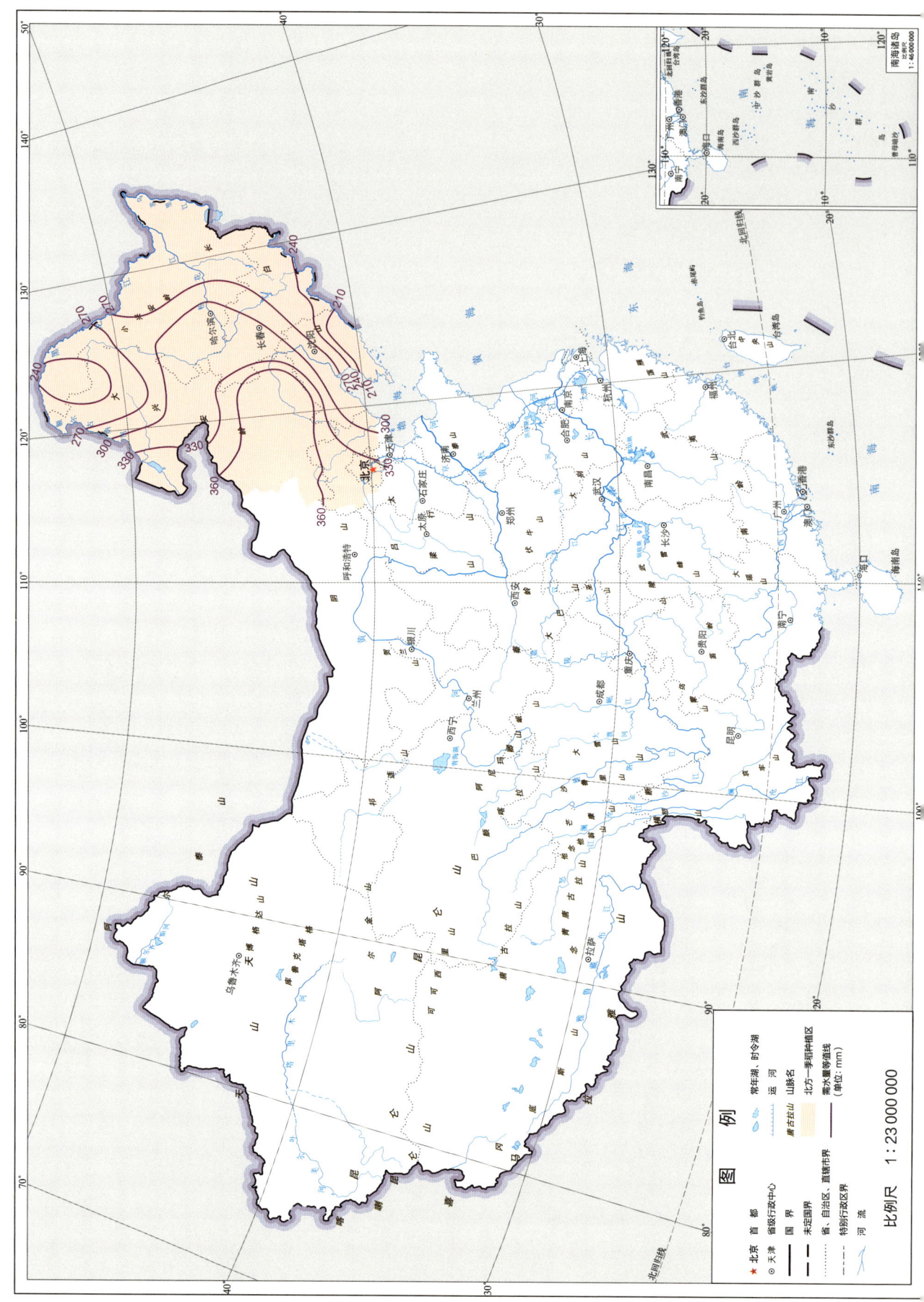

北方一季稻移栽期极端降水距平分布图

3.3.3 北方一季稻拔节期—开花期水资源及灾害

21世纪10年代，北方一季稻拔节期—开花期日数为20 d左右，其中北京、秦皇岛附近最长，为25 d。

水分：北方一季稻拔节期—开花期降水量自西北向东南逐渐递增，区域平均降水量为95.3 mm。吉林白山和辽宁丹东地区降水量最高，>140 mm，内蒙古东北部降水量最低，<80 mm。需水量由西到东递减，区域平均需水量为99.6 mm。内蒙古呼伦贝尔—黑龙江齐齐哈尔—内蒙古通辽—辽宁阜新—河北承德—河北张家口一线为110 mm的等值线，等值线西部需水量最高，>110 mm。需水量低值中心位于黑龙江东南和辽宁丹东地区，<80 mm。降水盈亏量由西南向东北逐渐递增，降水亏缺也逐渐转变为降水盈余，区域平均降水盈亏量为-5.3 mm。内蒙古呼伦贝尔地区为降水亏缺最严重地区，降水盈亏量在-60 mm左右；黑龙江塔河—内蒙古鄂伦春—黑龙江大庆—吉林长春—辽宁阜新—河北秦皇岛一线形成降水盈亏量0 mm等值线，水分供需基本平衡。降水盈亏量90 mm的等值线位于辽宁丹东地区，水分供给盈余。

灾害：孕穗期主要在每年的6月20日—7月10日，持续>2 d日平均气温<17℃，会造成正在发育的幼穗受害，最终导致减产，形成一季稻孕穗期障碍性冷害。北方一季稻产区孕穗期障碍性冷害发生频率由南向北逐渐增高。高发区包括黑龙江西北部、内蒙古呼伦贝尔东北部和长白山以东地区。1981—2010年30年间，北方一季稻种植区的北部发生频率均>83%；长白山以东地区的发生频率>50%，即2年发生1次以上；仅内蒙古的赤峰、通辽，辽宁、吉林大部分地区发生频率较低，为10年一遇，其中辽东半岛几乎没发生。

抽穗开花期主要在每年的7月20日—8月10日，持续>2 d日平均气温<19℃，会影响水稻花粉发育和授粉，增加空秕率，最终导致减产，形成一季稻抽穗开花期障碍性冷害。该灾害在由南向北发生频率逐渐增高。高发区包括黑龙江北部、内蒙古呼伦贝尔大部和长白山以东地区。1981—2010年30年间，该灾害在黑龙江北部、内蒙古呼伦贝尔大部发生频率>83%；长白山以东地区的发生频率>50%，即2年发生1次以上；仅内蒙古的通辽，辽宁、吉林大部分地区发生频率较低，为6年一遇，其中辽宁中南部几乎没发生。

北方一季稻生育期日数

图例

- ★ 北京 首都
- ⊙ 天津 省级行政中心
- —— 国界
- --- 未定国界
- ······ 省、自治区、直辖市界
- — - — 特别行政区界
- 河流
- 常年湖、时令湖
- 运河
- 摩天大山 山脉名
- 北方一季稻种植区
- —25— 生育期日数等值线（单位：d）

比例尺 1:23 000 000

南海诸岛 比例尺 1:46 000 000

3 北方一季稻 155

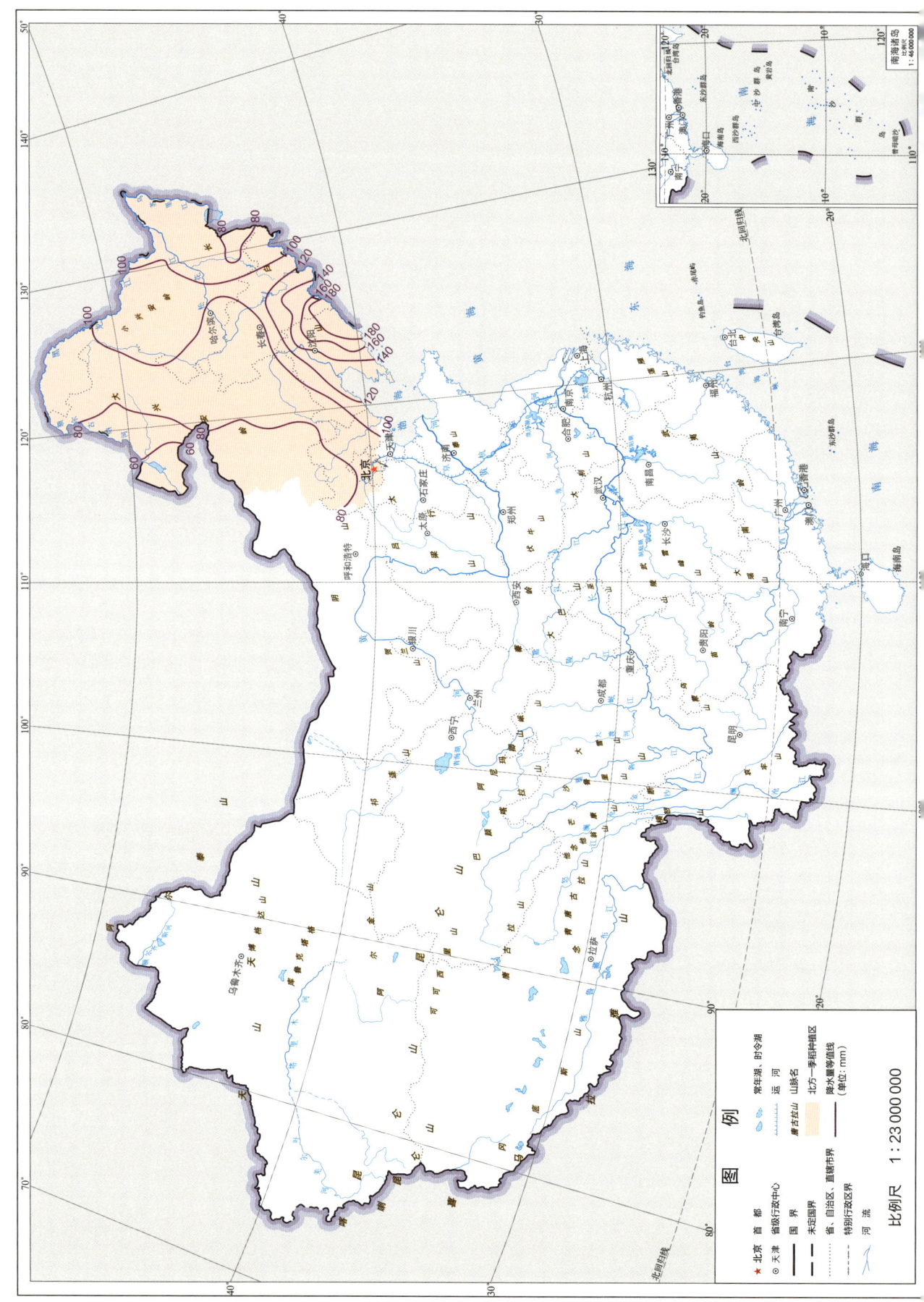

北方一季稻拔节期—开花期降水量

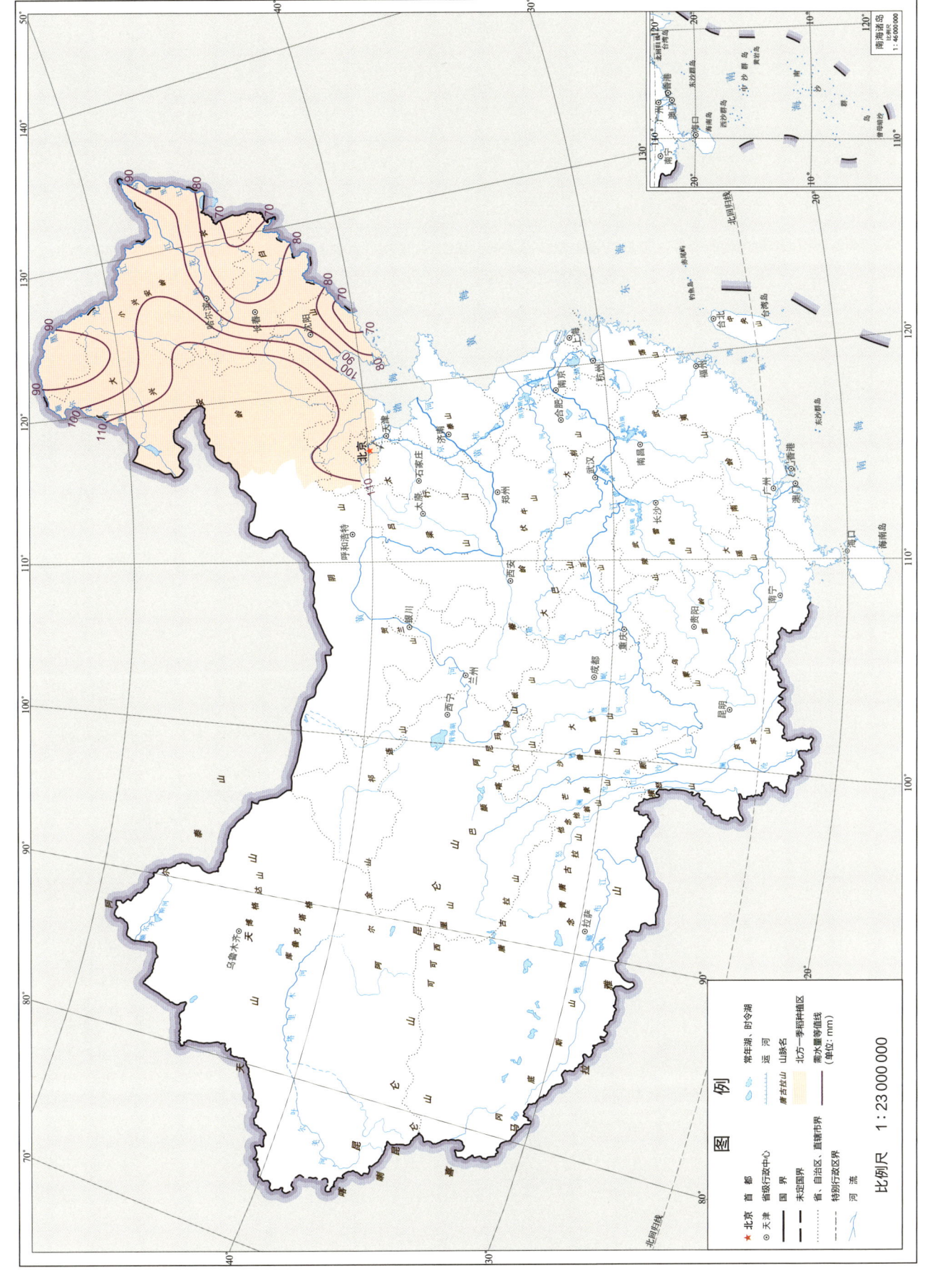

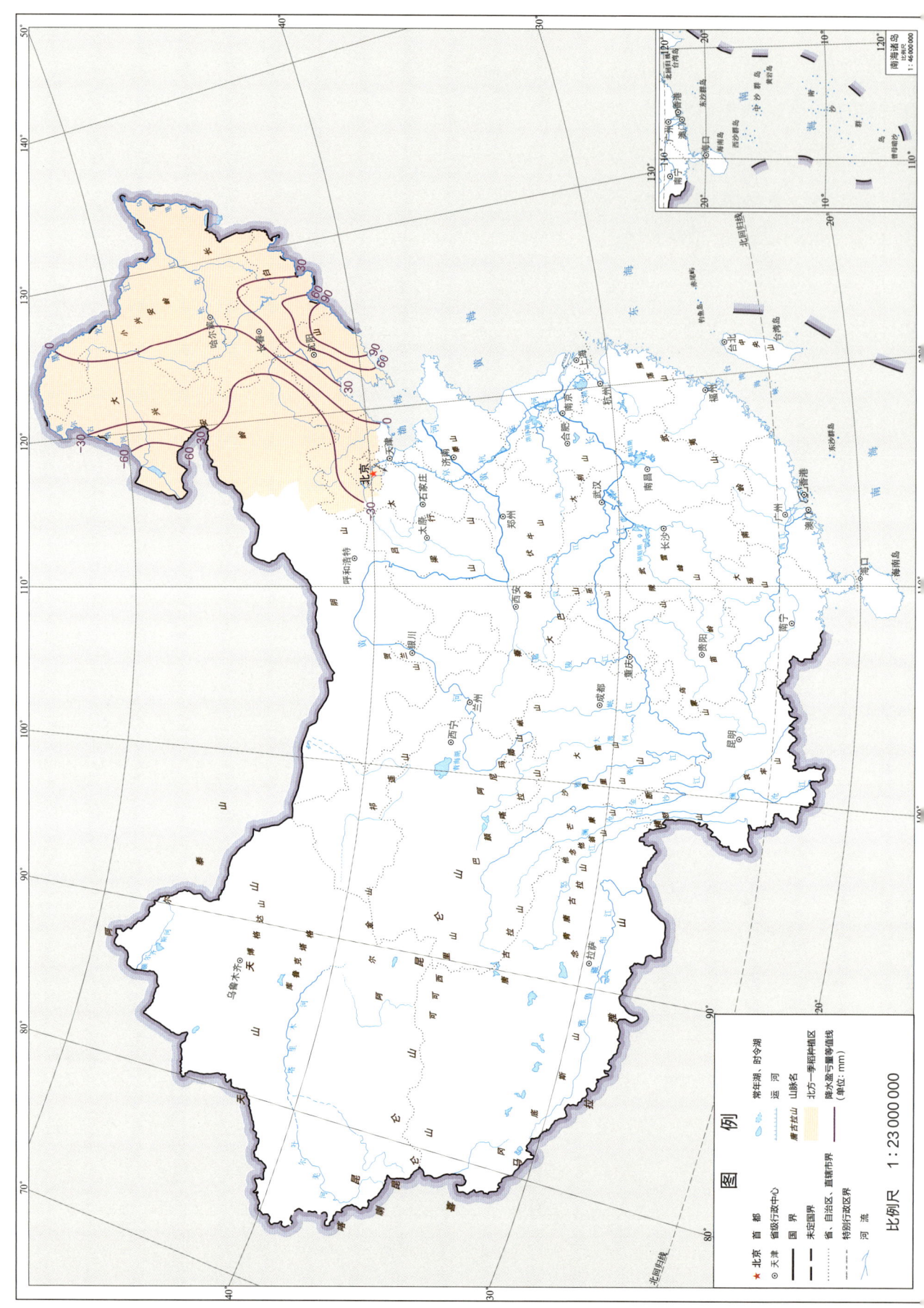

北方一季稻孕穗期低温冷害及主要率

3 北方一季稻

北方一季稻抽穗开花期障碍型冷害发生频率

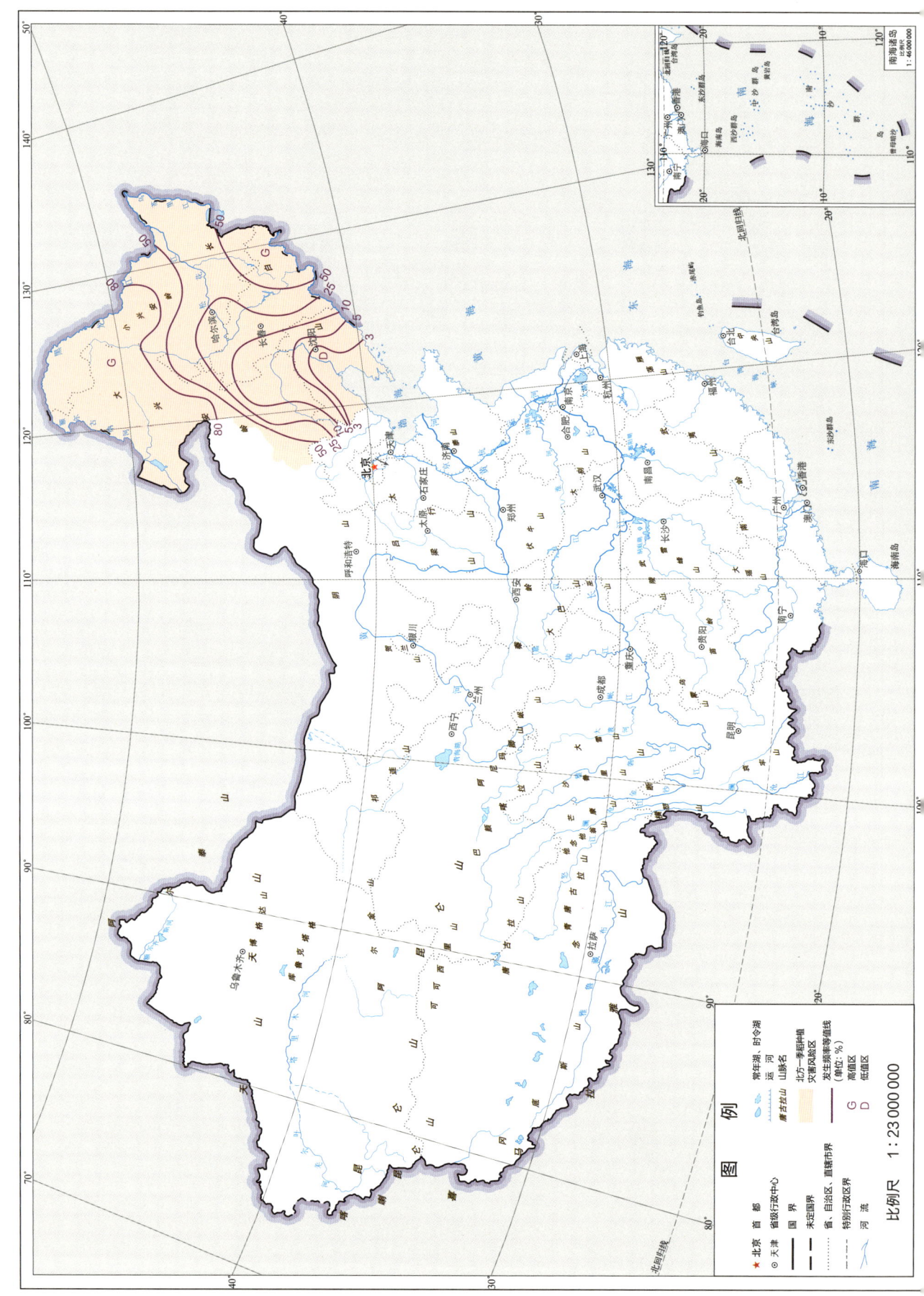

3.3.4　北方一季稻开花期—成熟期水资源

21世纪10年代，北方一季稻开花期—成熟期日数大部分地区在50 d左右，种植区西南部最少为40 d。

水分：北方一季稻开花期—成熟期降水量自西北向东南逐渐增加，区域平均降水量为134.3 mm。黑龙江佳木斯—吉林长白山—辽宁鞍山一线以东地区降水量最高，＞180 mm，内蒙古东北部降水量最低，＜100 mm。需水量由西北向东南逐渐递减，区域平均需水量为174.2 mm。黑龙江齐齐哈尔—吉林松原—公主岭—内蒙古通辽—科尔沁右翼中旗形成200 mm等值线闭合中心，该区域与内蒙古呼伦贝尔地区需水量最多，为200 mm；黑龙江漠河、吉林长白山和辽宁丹东地区需水量最低，＜150 mm。降水盈亏量由西南向东北逐渐递增，降水亏缺逐渐转变为降水盈余，区域平均降水盈亏量为-38.6 mm。内蒙古呼伦贝尔—东乌珠穆沁—乌兰浩特—吉林松原—内蒙古通辽—辽宁阜新—河北承德—内蒙古锡林浩特一线为降水盈亏量-90 mm的等值线，等值线内区域为降水亏缺最严重地区；内蒙古鄂伦春—黑龙江五大连池—绥化—吉林省吉林市—辽源—辽宁鞍山一线为降水盈亏量0 mm等值线，水分供需基本平衡；黑龙江伊春—伊兰—吉林敦化—梅河口—辽宁本溪—岫岩一线为降水盈亏量30 mm等值线，该区域以东为降水盈余地区。

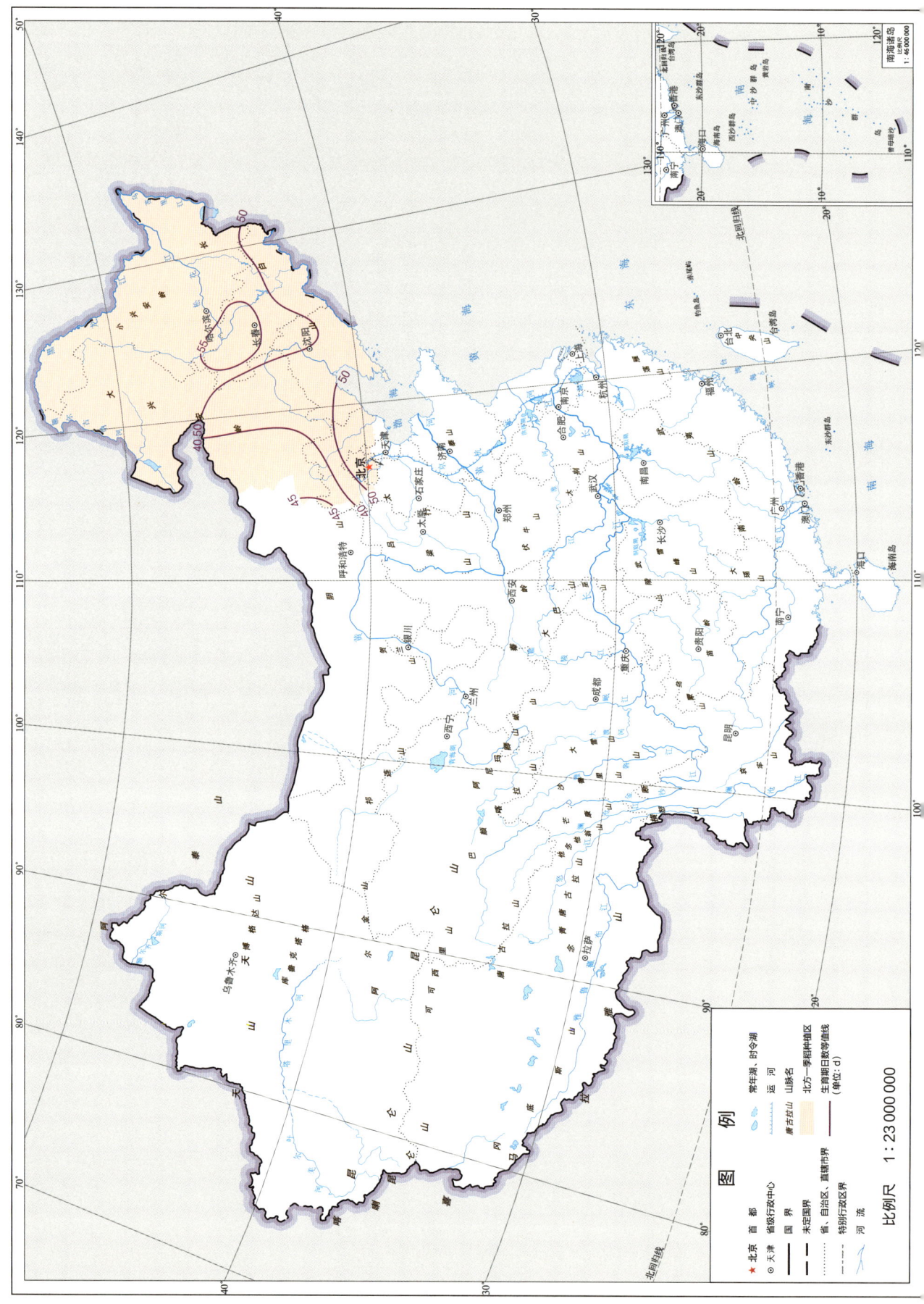

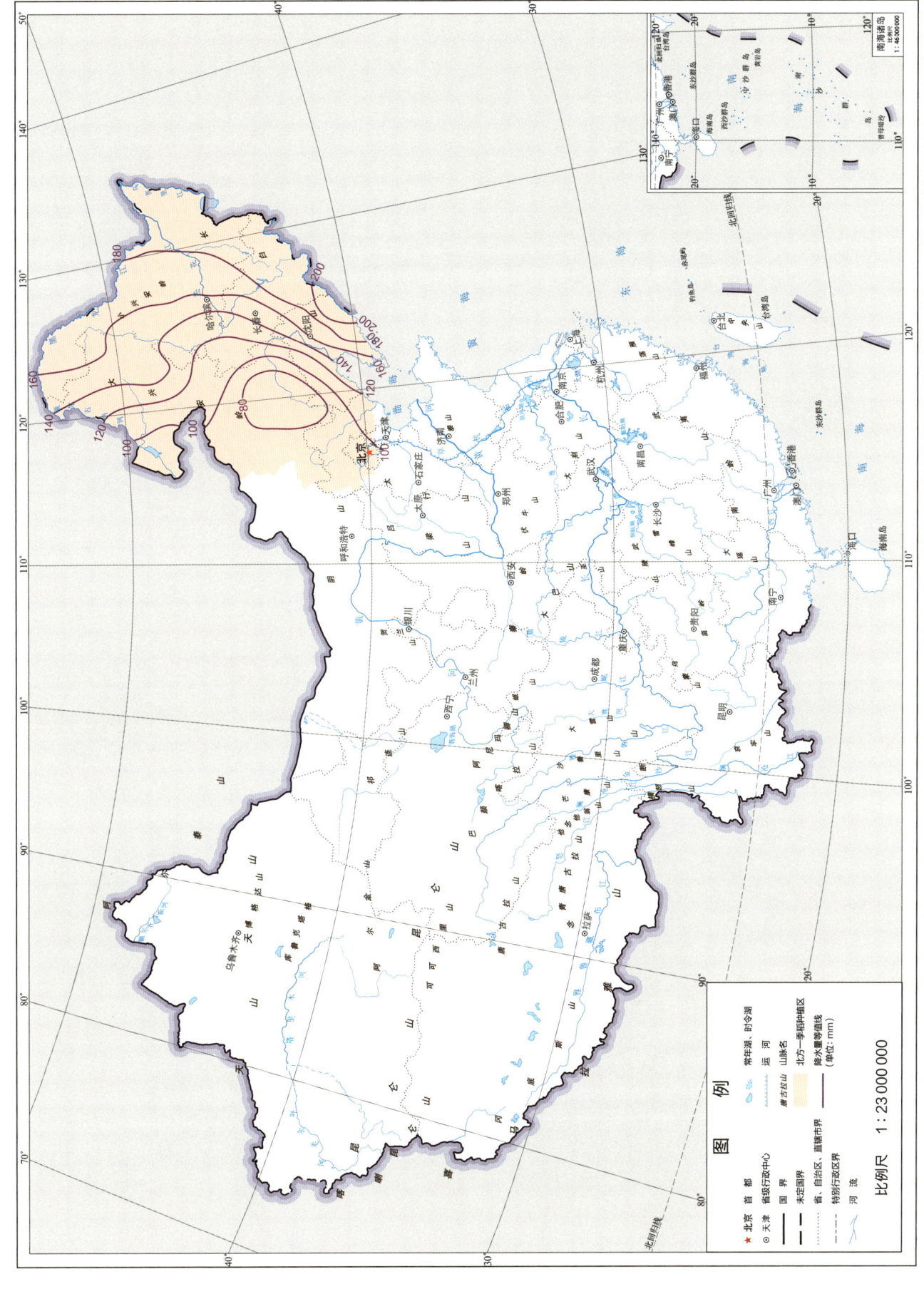

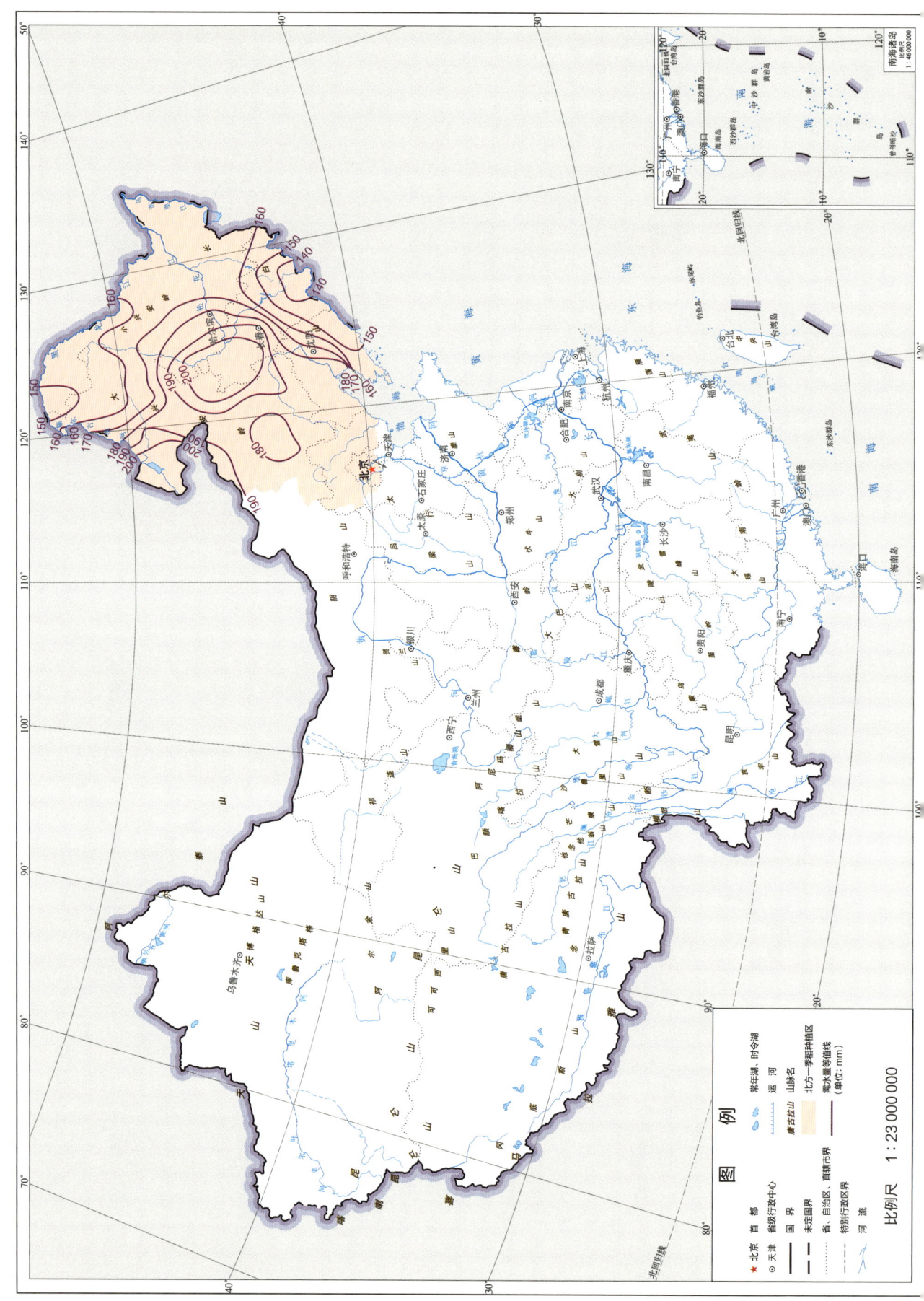

北方一季稻开花期—成熟期需水量

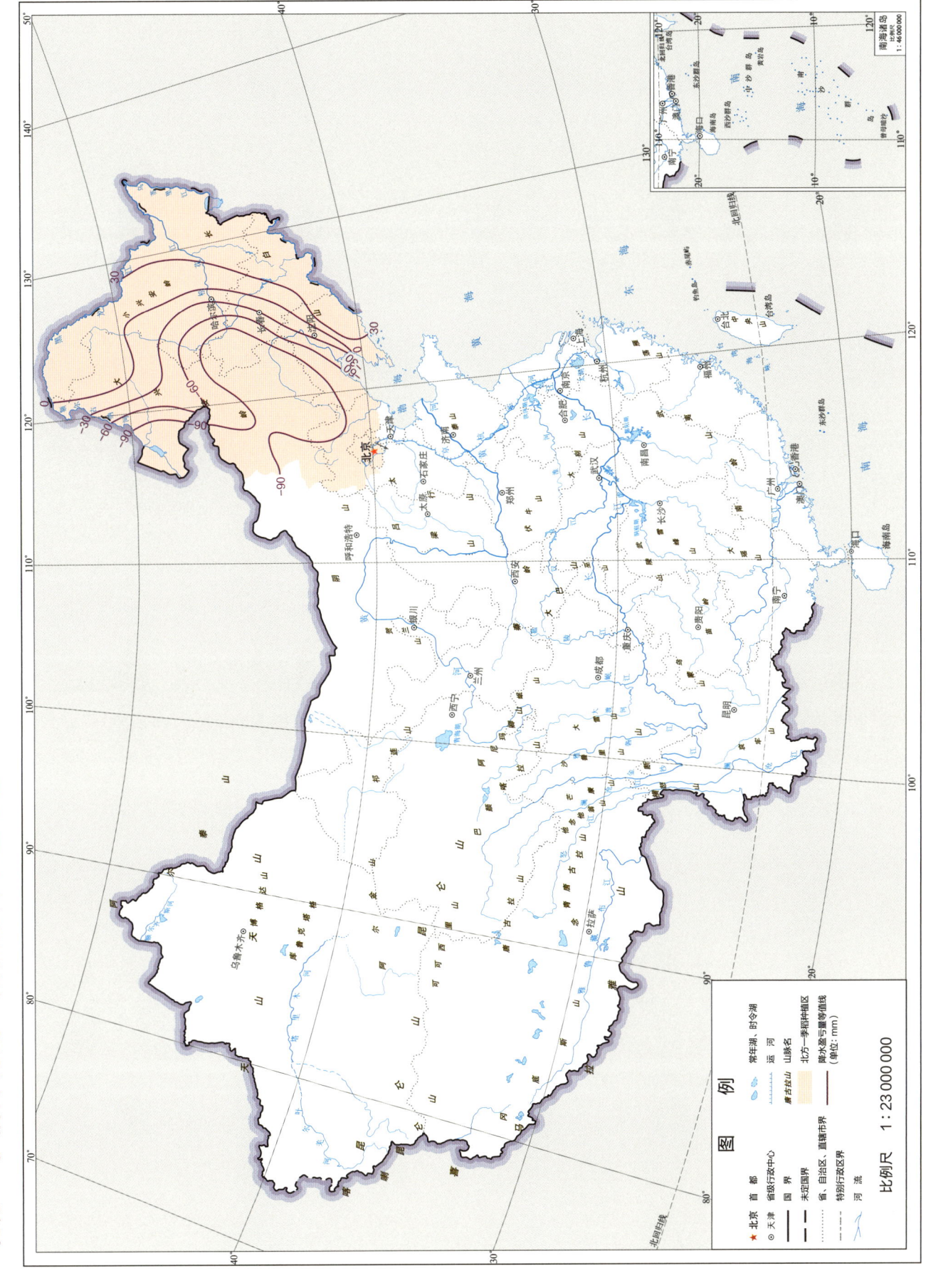

参考文献

崔读昌. 中国农业气候学[M]. 杭州：浙江科学技术出版社，1999.

崔读昌，刘洪顺，闵谨如等. 中国主要农作物气候资源图集[M]. 北京：气象出版社，1984.

高亮之. 水稻气象生态[M]. 北京：农业出版社，1992.

何英彬. 区域冷害影响水稻单产研究[M]. 北京：中国农业科学技术出版社，2015.

郝云理，1993. 农业气象适用技术[M]. 北京：气象出版社.

贺升华，刘开学，陈达有. 水稻与气象[M]. 北京：气象出版社，1995.

吕凯，刘贵民，李成，等，2021. 南方水稻主要灾害的防控技术[M]. 合肥：安徽科学技术出版社.

高素华，1995. 中国农业气候资源及主要农作物产量变化图集[M]. 北京：气象出版社.

梅旭荣，2015. 中国农业气候资源图集·作物光温资源卷[M]. 杭州：浙江科学技术出版社.

梅旭荣，2015. 中国农业气候资源图集·作物水分资源卷[M]. 杭州：浙江科学技术出版社.

梅旭荣，2015. 中国农业气候资源图集·农业气象灾害卷[M]. 杭州：浙江科学技术出版社.

王春乙，张雪芬，赵艳霞，2010. 农业气象灾害影响评估与风险评价[M]. 北京：气象出版社.

杨晓光，刘志娟，李少昆，2021. 中国三大粮食作物潜在产量及气候资源利用图集[M]. 北京：科学出版社.

中国水稻研究所，1989. 中国水稻种植区划[M]. 杭州：浙江科学技术出版社.

朱德峰，2010. 水稻生产抗灾减灾技术[M]. 北京：中国农业出版社.